# 水怪貓騎士

## 尼斯湖水怪的疑案調查

文 胡妙芬　圖 柯智元

達克比形象原創 彭永成

親愛的爸爸媽媽：

我的生日快到了，今年我的願望是成為拯救世界的英雄！所以我帶走了頭盔、盾牌和寶劍，要去打倒惡龍！

你們不用擔心，打敗惡龍後，我就會回來了~

PS：你們不要罵我，妹妹她自己硬要跟來的。

愛你們的小智 敬上

我帶走了皇冠，要當被解救的公主。

阿妹仔

這兩個傻孩子……
嗚嗚

貓媽媽，你先別擔心。貓小弟的房間裡有什麼？可以帶我去看一下嗎？

嘎！

這孩子喜歡玩劍和畫畫。他總幻想自己是騎士，還把塗鴉貼得到處都是……

這隻惡龍有點眼熟，
好像在哪裡看過……

達克比，
你過來一下。

你看這裡有
一張地圖。

英國

難道是……
尼斯湖
Loch Ness

尼斯湖水怪？

還有，我在孩子的抽屜裡找到這個……
貓騎士作戰計畫
出發↘
打聽尼斯湖水怪的下落
我要拜訪↘
1.尼斯湖居民的守護者－河馬修士
2.尼斯湖水怪幸運號遊艇－豬老闆
3.地下室的尼斯湖水怪研究者－神秘科學家
4.尼斯湖水怪忠實粉絲－尼粉俱樂部
5.尼斯湖水怪經典照片的拍攝者－烏龜醫生
↘找水怪決鬥→打扁牠!!↘
回家吃生日蛋糕
看來貓小弟真的帶著妹妹去找尼斯湖水怪了。
這可怎麼辦才好啊，孩子的爸……

可是世界上真的有
尼斯湖水怪嗎？

我也不知道，這是
世界未解之謎。
世界未解之謎

要是他們被尼斯
湖水怪咬死，怎
麼辦？

嗚哇哇——
貓媽媽你
別擔心。
我們會到尼斯湖
去，把你的孩子
平安帶回來。

好！我們出發！
Let's GO!

真的有「尼斯湖水怪」嗎？

尼斯湖水怪小檔案
姓名：尼斯湖水怪
性別：不詳
地址：英國蘇格蘭的尼斯湖
首次被發現日期：西元 565 年 8 月 22 日
個性：愛搞神祕
擅長的事：躲貓貓
興趣：偶爾跑出來嚇人
12 公尺
有人將各種目擊紀錄平均以後，認為尼斯湖水怪大約有 12 公尺長。

# 誠徵辦案高手！

就這樣，河濱派出所的達克比警官，帶著他的女友兼辦案好夥伴阿美，一起出發到尼斯湖尋找失蹤的貓兄妹。他們打算從貓小弟作戰計畫裡提到的五個重要人士下手，一方面詢問貓兄妹的去向，一方面調查尼斯湖水怪的行蹤。

不知道喜歡達克比的你，願不願意陪著他們去辦案，一起達成這次的重要任務呢？請你把自己當成達克比的辦案助手，選出右頁最可能找出破案線索的一位，陪著他們展開調查吧！事不宜遲，趕緊行動吧！

尼斯湖居民的守護者

**河馬修士**

請翻到第 60 頁

**豬老闆**

請翻到第 108 頁

地下室的研究者

**神祕科學家**

請翻到第 12 頁

**尼粉俱樂部**

請翻到第 82 頁

經典照片的拍攝者

**烏龜醫生**

請翻到第 36 頁

## 調查對象

# 地下室的研究者——神祕科學家

「到了！就是這裡！」達克比看著手上的地址，指著小路的盡頭一棟不起眼的矮房子說。這棟房子附近人煙稀少，看起來有點破舊，卻有一個裝上不久的全新招牌。

「溫、泉、澡、堂？」阿美讀著招牌上斗大的字說：「怎麼可能？你不是說，我們現在要來拜訪的是一個科學家？科學家的家不會是一間溫泉澡堂吧？」

「呃，我也弄糊塗了。」達克比抓抓頭：「可是貓小弟寫的地址明明就是這裡，會不會他弄錯了？畢竟他的年紀還小，只有小學三年級……」

「兩位，午安啊！」一個老婆婆的聲音突然從背後傳來，嚇了達克比和阿美一大跳。

「我看你們是要到澡堂泡澡的遊客，是吧？」老婆婆問。

「呃，是啊……」達克比隨口回答。

老婆婆瞇著眼上下打量他們：「最近不知道為什麼，遊客特別多！但換做是我，可不會傻傻的進去這家澡堂泡澡。」

「為什麼？這家澡堂的溫泉水是假溫泉嗎？」阿美問。

「不是……」老婆婆看看左右，然後壓低聲量說：「真正的原因是，這家澡堂的老闆非常奇怪。」

「啊？什麼？」達克比和阿美異口同聲大聲叫了出來。

「噓！他們會趁客人不注意，偷翻客人的毛巾，蒐集客人梳過頭髮的梳子、刷過牙的牙刷、掏過耳朵的棉花棒、擦過鼻涕的衛生紙……」

「唉呦，噁心！」阿美驚呼。「違反衛生法規！」達克比也說。

「所以我勸你們到別家澡堂去吧！誰曉得他們拿那些東西做什麼壞事？你們要懂得保護自己，切記、切記！」

說完，老婆婆拄著拐杖走了，只剩下阿美和達克比愣在那裡。雖然尋找貓兄妹的事情要緊，但是眼前的壞蛋也不能放任不管。最後他們決定先裝成泡澡的觀光客，進去這家溫泉澡堂一探究竟。

達克比和阿美推開門，澡堂大廳很昏暗，四下靜悄悄，一個人也沒有。

達克比按了櫃臺上的服務鈴：「叮叮叮！」一個高大的身影才從地下室的通道慢慢走上來，聲音低沉的問：「是誰？你們兩個，是要泡澡嗎？」

「沒錯。請問……」達克比上下打量他：「老闆是你？」婆婆說老闆是一隻金剛猩猩，額頭有刀疤，應該就是他。

「隨便你愛怎麼叫。」金剛猩猩冷冷的看向走廊：「澡堂在走廊轉角。這是你們的毛巾，想泡多久就泡多久。」說完就轉身離去了。

達克比和阿美往走廊的盡頭走去，右邊果然出現溫泉，熱水冒著煙嘩啦嘩啦的流，看起來非常舒服。

「哇～好久沒泡溫泉了！」阿美開心的說：「而且這裡沒別人，我們可以獨占整個溫泉！」說完，噗通一聲跳下水，早就把辦案的事情拋在腦後。

達克比則查看四周的環境，稍微梳了身上的毛，才慢慢走進水中泡起溫泉。

才過了一下，一隻像是清潔人員的貓頭鷹拎著大垃圾袋走進來。他鬼鬼祟祟的瞄了達克比和阿美一眼，然後就突然趴在地上搜尋，把他們用過的衛生紙裝進口袋，還趁他們不注意的時候，拿出一個奇怪的小管子，把毛髮塞進去。

這一切，達克比都默默看在眼裡。

過了一會兒，當貓頭鷹離開時，達克比起身偷偷跟著他，穿過走廊、下了樓梯、轉進黑暗的地下室，來到一扇隱密的門前。

貓頭鷹謹慎的回過頭、推門進去時，達克比突然大喊：「不准動！我是警察！」嚇得裡頭的金剛猩猩也張大眼睛丟下手上的東西。

哇！沒想到溫泉澡堂的地下室，竟然藏著一個祕密基地！快用三秒鐘掃瞄一下四周的擺設，你覺得這個神祕房間叫什麼？在下方的字謎陣中圈出答案。

答案請見第 146 頁

這個突然的舉動，嚇得貓頭鷹縮起頭蹲了下去，原本手上的東西淅哩嘩啦掉了滿地。

「嗯？」達克比彎下腰撿起這些袋子、試管，仔細的看：「阿美掉的頭髮、擦過鼻涕的衛生紙、掏過耳朵的棉花棒……說！你們為什麼專拿奇怪的東西，這些都屬於客人的隱私，你們拿這些東西做什麼壞事情？」達克比義正詞嚴的大聲說。

「警察先生，您誤會了……」貓頭鷹冒著汗想解釋。

阿美被這陣騷動驚擾，也擦乾身體趕過來說：「沒有誤會。有人說你們在澡堂蒐集客人的私物，我們假裝成客人一探究竟，果然抓到你們這兩個變態！」

「啊？變態？」貓頭鷹和金剛猩猩愣了一下。他們互看一眼，突然放聲大笑：「哈哈，我們明明是科學家……」

「竟然被當成變態，哈哈哈哈！」

「什麼？」達克比一聽，鬆懈下來說：「你們是科學家？專門研究尼斯湖水怪的嗎？」

「對啊。」貓頭鷹說：「我們蒐集客人的毛髮、皮屑、血液或黏液，只是為了取得不同動物的 DNA ！」

「DNA？」聽到這兒，你忍不住問。這個名詞好像在哪裡聽過？但是你總是不太明白它的意義。

其實每個人身上都有 DNA，你也不例外。它們就像是隱藏在你體內的遺傳密碼，每個人的密碼長短、順序都不一樣，但是都是由相同的四種密碼排列組合而成。你知道是哪四種嗎？請你檢查以下的 DNA 片段，把它們找出來以後，寫在____裡。

找到了！DNA 的四種密碼分別是____、____、____、____。它們代表 DNA 的四種「鹼基」，請翻到第 50 頁，會有詳細說明。

答案請見第 146 頁

此時，阿美沿著桌上的試管架，一管一管查看標籤上的「受害者」姓名：「人類、野豬、山羊、田鼠……」

「啊！貓兄妹！」阿美大聲的說。

「貓兄妹也來過這裡？快說！你們把那兩個孩子怎麼了？」達克比聽了以後立刻逼問。

貓頭鷹說：「那兩個可愛的孩子啊……你放心，我們向他們要了幾根毛髮後，他們就走了。他們讓我想起我們的小時候，兩人總是一邊吵架，一邊一起去找尼斯湖水怪，哈哈哈哈……我還給他們一根試管，請他們找到尼斯湖水怪時，幫我們裝一些 DNA 回來呢！」

「你們也是從小就相信有尼斯湖水怪？」阿美好奇的問。

「不是。我們從小吵到大，相信水怪的只有我，那隻無趣的笨猩猩從小就不認為尼斯湖水怪是真的。」貓頭鷹說著說著，瞪了金剛猩猩一眼。

沒想到金剛猩猩也瞪回去說：「敢說我笨？」

「五歲時我們就打賭尼斯湖裡沒有水怪，輸的人要被贏的人彈耳朵，你最好不要忘記。」猩猩沒好氣的說。

「少來這套！誰會贏還不知道呢！」貓頭鷹笑。他向達克比和阿美解釋：「我們從五歲打賭到現在，一直分不出誰輸誰贏。所以這一次，我們決定用最科學的方式一決勝負。

現在，我們蒐集的 DNA 資料庫已經差不多了，接下來只要拿尼斯湖裡的『環境 DNA』來比對，那個不相信水怪的傢伙很快就會無話可說。」

喔喔，看到這裡，你應該了解辦案不是一件簡單的事了吧？好不容易了解什麼是 DNA，現在又冒出一個「環境 DNA」來。
簡單的講，環境 DNA 就是動物們在活動時，不小心在周遭的土壤、空氣或水中，留下自己的 DNA。猜猜看以下哪幾號活動，可能會在水裡留下環境 DNA 呢？

把答案的編號相加以後得到數字 $x$，$x \geq 15$ 的話請翻到第 74 頁。
$x < 15$ 的話，請翻到第 107 頁。

※「≥」表示為「大於等於」的意思

恭喜你答對了！請領取 p.23 上方的獎勵座標。尼斯湖水怪的壽命比一般的脊椎動物長太多了。這讓你感覺起來不太合理。你認為牠是妖怪還是動物？你迫不及待要聽河馬修士講下去了……

河馬修士拉張椅子坐下來，清了清喉嚨，開始說起故事。

西元 565 年 8 月 22 日，偉大的天主教修士聖庫命和他的同伴走到尼斯河邊，正想著要如何渡河的時候，突然看見一群人聚集在岸邊，好像在埋葬一個淹死的男人。

聽到人群裡傳來嗚嗚咽咽的哭聲，聖庫命走過去關心：「請問發生了什麼事？有什麼我可以幫上忙的嗎？」

「人都死了，還能幫什麼忙？」一個男人無奈的說：「難不成你能讓人復活，還是有辦法制伏湖裡的那隻水怪？」

「水怪？」聖庫命聽聞後很是驚訝。

「沒錯。剛才水怪突然現身，咬住這個在河裡游泳的男人。等到我們把他救上岸時，他已經死了。河裡的水怪真是太可怕了！」

(E, 2)、(H, 11)~(I, 11)、(Q, 5)~(S, 5)、(P, 20)~(T, 20)

翻到 139 頁將獎勵座標塗滿。

聽到水怪居然會攻擊居民，聖庫命在心裡暗暗下了一個決定。他請同伴呂伊涅游到對岸去，把停在岸邊的小船拉過來。

呂伊涅二話不說立刻跳進湖裡。他的動作造成水花四濺，立刻引來了尼斯湖水怪。

「吼——」水怪大叫，朝著呂伊涅游過去。

「小心，有水怪！」岸上的人見狀，紛紛驚慌的大叫起來。

「不准靠近！」聖庫命突然拿出十字架，對著水怪下命令。他的聲音鎮定又威嚴，不只水怪嚇一跳，連其他人都愣住了。

聖庫命繼續喝斥水怪：「不要傷人！趕快離開！」話才說完，水怪突然停下動作，像被隱形的繩子拉住一樣，退回水中。

「奇蹟！」、「太厲害了！」、「謝謝上主的保護！」岸上的居民爆出一陣歡呼，心裡都十分感激聖庫命。

聽到這裡，阿美心裡覺得納悶，忍不住問：「這聽起來好神奇，但是水怪怎麼聽得懂人話呢？」

「因為那是我偶像的聲音！」河馬修士眼冒光芒、崇拜的說：「他的聲音充滿上主的力量，能夠命令世間萬物，誰都無法抵抗！」

「所以我送給那對兄妹一個大大的十字架，能保護他們不受到尼斯湖水怪的傷害！」河馬修士有自信的說。

達克比又發現了什麼問題呢？趕快翻到第 26 頁！

唉呦，找錯地點了！你可能漏掉一個線索。
請趕快回到第 2 頁，仔細看過開頭漫畫。記住，任何蛛絲馬跡都別放過。然後再回到第 140 頁，重新尋找貓兄妹的正確位置。

聽到這裡，達克比心想：「尼斯湖水怪真的是妖怪嗎？」在遙遠的古代，因為沒有照相機，沒有錄影設備，再加上科學知識不發達，人們對鬼神、妖怪特別恐懼。那時，有不少野生動物都被披上神祕色彩，被誤認成神仙、精靈、妖怪，或是有著奇異力量的傳說生物。

請按數字順序1～45，把下方黑點連起來，看看傳說中的美人魚其實是什麼動物？把它的名字寫在______中。

正確答案請見第 146 頁

不只如此，鯨魚、海豚也常被誤認為大海怪。以下這張 1544 年的古代圖畫中，畫滿了各式各樣的大海怪。請你聯想看看，哪一隻可能是鯨魚？哪一隻是海豚？其他的海怪們又可能是什麼動物呢？

正當達克比思考尼斯湖水怪到底是妖怪還是真實動物的時候，修士房子的樓下突然傳來大聲的喊叫：「Nessie! Nessie! Nessie!」河馬修士一聽到，拔腿就往樓下跑，達克比和阿美也一頭霧水，緊跟著他跑下樓去。

「是誰？怎麼了？Nessie出來咬人嗎？牠現在在哪裡？」一開門，修士又氣喘吁吁問出一連串同樣的問題。只見來的人是住在附近的負鼠太太，她滿頭是汗、臉色發青，看起來像是忍耐不讓自己暈過去，趕緊跑來報案似的。

「是我先生！」

「啊？」感染了負鼠太太的緊張氣氛，修士、達克比、阿美同時叫出聲來。

「他划船到湖中釣魚，結果有三隻尼斯湖水怪圍在他身邊⋯⋯」

「三隻？」大家更意外，叫得更大聲了。

「對。他看到以後快嚇昏，打電話叫我通知河馬修士！請河馬修士立刻去救……救他！呃……」負鼠太太說完重點，終於撐不住，咚的一聲口吐白沫倒在地上。達克比蹲下來搖一搖她，用手捏住鼻子說：「好臭。負鼠都這樣。」

沒想到，河馬修士已經衝到停在岸邊的快艇上，並且大叫：「警察先生，我們快趕到湖中救負鼠先生！我要發動了，你們快來！」達克比和阿美聽了，立刻跑去跳上遊艇，大夥兒「轟」的一聲往湖中央駛去。

考考你！負鼠一緊張就會昏倒、發臭，進入________狀態。這時候應該先救負鼠太太還是負鼠先生呢？

答對的話，給自己拍拍手！因為你的動物知識很豐富，很有潛力成為動物警察的得力助手喔！

答案請見第 146 頁

「在那裡！十點鐘方向，你們看！」達克比拿著望遠鏡大叫。河馬修士把遊艇一轉，在水面大轉彎激起一道水花，往遠方湖面上的小船急駛過去。

「不—准—靠—近！」來到船邊，河馬修士立刻學他的偶像聖庫命，大聲的命令尼斯湖水怪。「可惡！竟然不動？」河馬修士生氣的說：「那我要說出接下來那兩句囉！」三隻黑黑的水怪圍著負鼠先生的小船，負鼠先生早就跟太太一樣嚇得昏死過去，剛剛使用的電話還掉在船上。

看水怪不動，河馬修士又拿出十字架，大聲重複聖庫命一千多年前說出的話：「不要傷人！趕快離開！」他的語氣堅定，只差頭上沒有發出神聖光芒。

緊張！原來，尼斯湖不只有水怪，還可能有「三隻」？
但是等等，這三隻「水怪」真的是水怪嗎？他們聽了河馬修士的話，為什麼連動也不動一下？
仔細觀察眼前的情況。細心的你有沒有看出什麼蹊蹺？

想好了嗎？想好了就翻到下一頁，故事的答案即將揭曉！

## 啊哈！原來是搞錯了！

河馬修士和達克比跳進水裡，慢慢的向水怪靠近。他們發現眼前的根本不是水怪，只是三根黑漆漆的「漂流木」！

難怪有不少人認為，人們偶然看見的尼斯湖水怪其實只是浮在水面的漂流木，伸出來的樹枝遠看就好像是水怪修長的脖子。但是，河馬修士會因此就停止守護居民的行動嗎？

「除非證明每個尼斯湖水怪的目擊紀錄都是誤會，不然我的愛心永不停止！」說著說著，河馬修士又立刻爬上高塔，回到他的工作崗位。

而你呢？知道貓兄妹在哪裡了嗎？

如果覺得線索夠了，請翻到第 140 頁。

如果還沒有，可能是因為你還沒有蒐集到足夠的線索。

請你翻回第 11 頁，繼續拜訪貓小弟作戰計畫中的其他人吧。祝你好運！

是不是找得心慌意亂了？但是貓兄妹就是不在這裡！請趕快回到第 108 頁，重新拜訪豬老闆。記住，任何蛛絲馬跡都別放過。然後再回到第 140 頁，重新尋找貓兄妹的正確位置。

## 確定嗎？要不要再考慮一下？

B 圖中的湖水樣本地點只集中在幾個地方，
其他水域卻是空白。
這種採樣的方法，會不會漏掉部分生物的 DNA ？

要重新選擇的話，請回到第 76 頁。
不改了！確定要選 B ！就請翻到第 72 頁。

## 調查對象

# 經典照片的拍攝者——烏龜醫生

不知道為什麼，當達克比和阿美一來到烏龜醫生家的豪宅時，大門前已經擠滿了車子和密密麻麻的人。

「奇怪？這些人是來做什麼的呢？」達克比和阿美一邊走近，一邊好奇的打量他們。原來，他們全是新聞記者，從世界各地千里迢迢來到這裡，準備採訪烏龜醫生。

「各位觀眾好！」一個自稱是「尋找真相」節目的主持人對著攝影機說：「今天我們來到尼斯湖，為您採訪一個傳奇人物。」她頓了一下，接著說：「60 年前，他拍下尼斯湖

水怪的身影。而今天正是這張重要照片的六十週年紀念日，我們帶了最新證據來訪問他，為您尋找尼斯湖水怪的真相！」

「吱——」

「啊！有人出來了！」大門突然打開，所有記者蜂湧而上，團團圍住走出來的人。「奇怪，這不是烏龜醫生吧？」達克比盯著那個人瞧，阿美也同意：「醫生的年紀應該很大，至少有 90 歲了才對……」

果然，達克比的推論沒錯。那個人站定以後，整理了一下服裝儀容，對著鏡頭說：「各位觀眾大家好，我是烏龜醫生的孫子。因為我爺爺年紀大了，身體有點不舒服，所以今天就由我代替爺爺接受大家的訪問。」

「啊？」記者們聽了有點失望，但是烏龜先生拿出一張黑白照片，立刻引起了一陣騷動。「這是 60 年前我爺爺親手拍下的尼斯湖水怪照片，雖然大家在報章雜誌上可能看過，但是現在我手上的，可是照片的正本。這張照片因為過於珍貴，有人甚至開出幾千萬元的價錢想買下它，但爺爺說什麼都不肯賣……」

沒錯，這張照片的確非常有名，是所有尼斯湖水怪照片中最具代表性的一張，所以這張經典照有個特別的稱呼。請從下圖中的「入口」走向「終點」，只要把沿途經過的字母合起來，就能知道這個特別名稱叫什麼了！

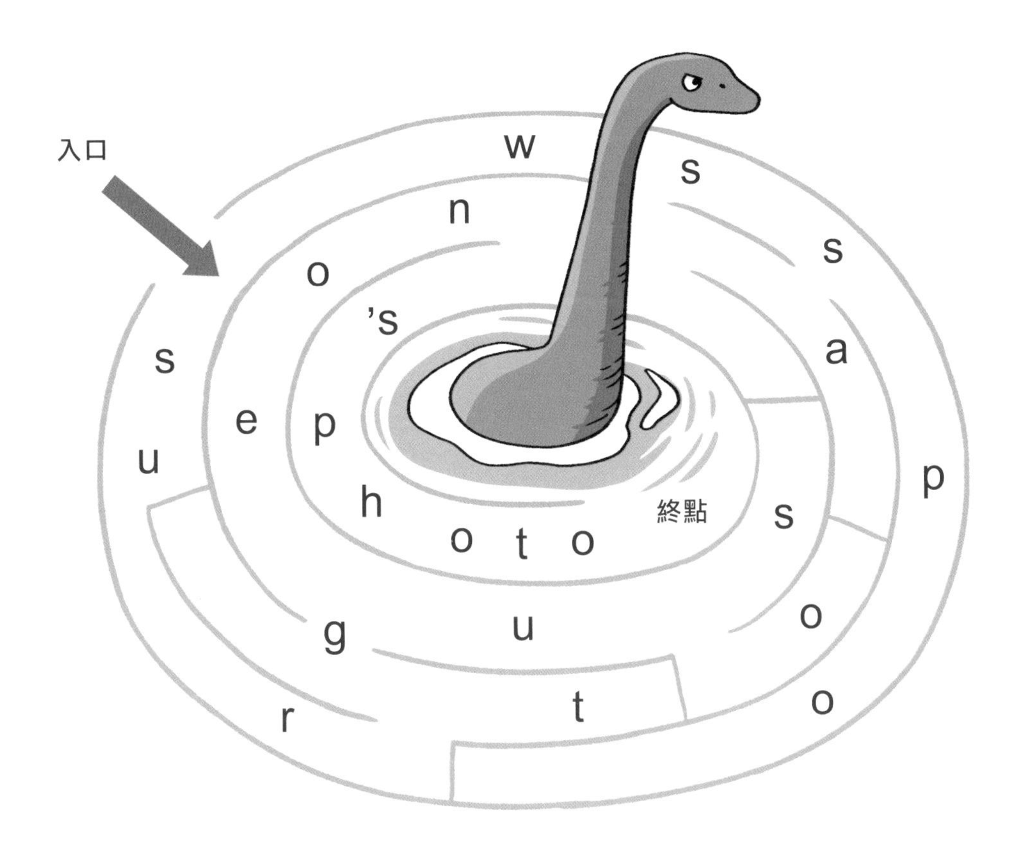


恭喜你成功了！請把它的稱呼寫在這裡 ＿＿＿＿＿＿。
它的中文意思是：外科醫生的照片。

答案請見第 147 頁

喀擦、喀擦、喀擦！記者們搶著拍下烏龜先生和這張照片的合照，閃光燈此起彼落的閃個不停。這張照片雖然已經泛黃老舊，但是到目前為止，它還是尼斯湖水怪的照片裡，最清楚且最有名氣的一張照片。

不過，「尋找真相」的主持人突然感覺不對勁。她一邊看著烏龜先生手上的照片，一邊歪著頭問：「烏龜先生，您確定您這張原始照片跟報導裡的是同一張照片嗎？因為它的尼斯湖水怪看起來特別小，不像我們在報導的版面上看起來那麼大。」話說完，幾個記者放下麥克風，湊上前去看，議論紛紛的說：「對耶！」「怎麼感覺變小了？」「看起來像玩具，漂浮在湖面上⋯⋯」

「嗯？」達克比聽了，也懷疑這兩張照片不一樣。

仔細比對看看，你覺得尼斯湖水怪的報導和原始照片裡，哪一張的尼斯湖水怪「感覺」起來體型比較大。

報紙上刊登的尼斯湖水怪

原版照片的尼斯湖水怪

覺得兩張圖片裡的尼斯湖水怪一樣大的話，
請翻到第 120 頁。
覺得報紙刊登的尼斯湖水怪比較大的話，
請翻到第 138 頁。

真厲害，你的推論很正確！請領取下方的獎勵座標。

(B, 8)~(B, 10)、(F, 16)、(H, 14)~(H, 15)、(I, 13)~(I, 15)

翻到 139 頁將獎勵座標塗滿。

大魚在水底下的聲納影像的確會是一個弧形！

這裡再強調一次——聲納影像不是動物的長相，而是反彈物體表面。當船通過魚的上方時，聲納和魚的背部距離是遠—>近—>遠，所以經過運算之後在螢幕上呈現的形狀會是一個亮亮的「弧形」。

根據左邊的說明，把下面的虛線連起來，就能知道四個物體的聲納影像會長什麼樣子。

阿美心裡知道，達克比和她都不同意幸運號老闆的說法。達克比質疑說：「豬先生，根據你拍到的聲納影像，沒有辦法確定它就是一隻尼斯湖水怪。」

「沒錯。」阿美也接著說：「有可能是一隻超級巨大的鱘魚，也可能是湖裡的其他大型魚類。要證明牠就是生活在尼斯湖的水怪，恐怕需要更直接、更明確的證據。」

這是第一次有遊客當面質疑豬老闆。他原本堆滿笑容的臉突然青一陣白一陣，氣氛變得有點尷尬。

這時候，鵝老師趕快站出來幫豬老闆打圓場：「我相信和藹可親的豬老闆不會騙人。你們看……」鵝老師拿出手機，秀出一張 Google 地圖上的衛星相片：「最近有人發現，Google 的衛星影像拍到尼斯湖水怪在湖面游泳的照片。這是高空中的人造衛星拍到的，人造衛星總不會騙人吧。」鵝老師誠懇的說。

豬老闆很感謝鵝老師幫他說話。但是他把手機的圖片放大再放大，瞇著老花眼看了半天以後，卻突然大叫：「啊哈！不是啦！」

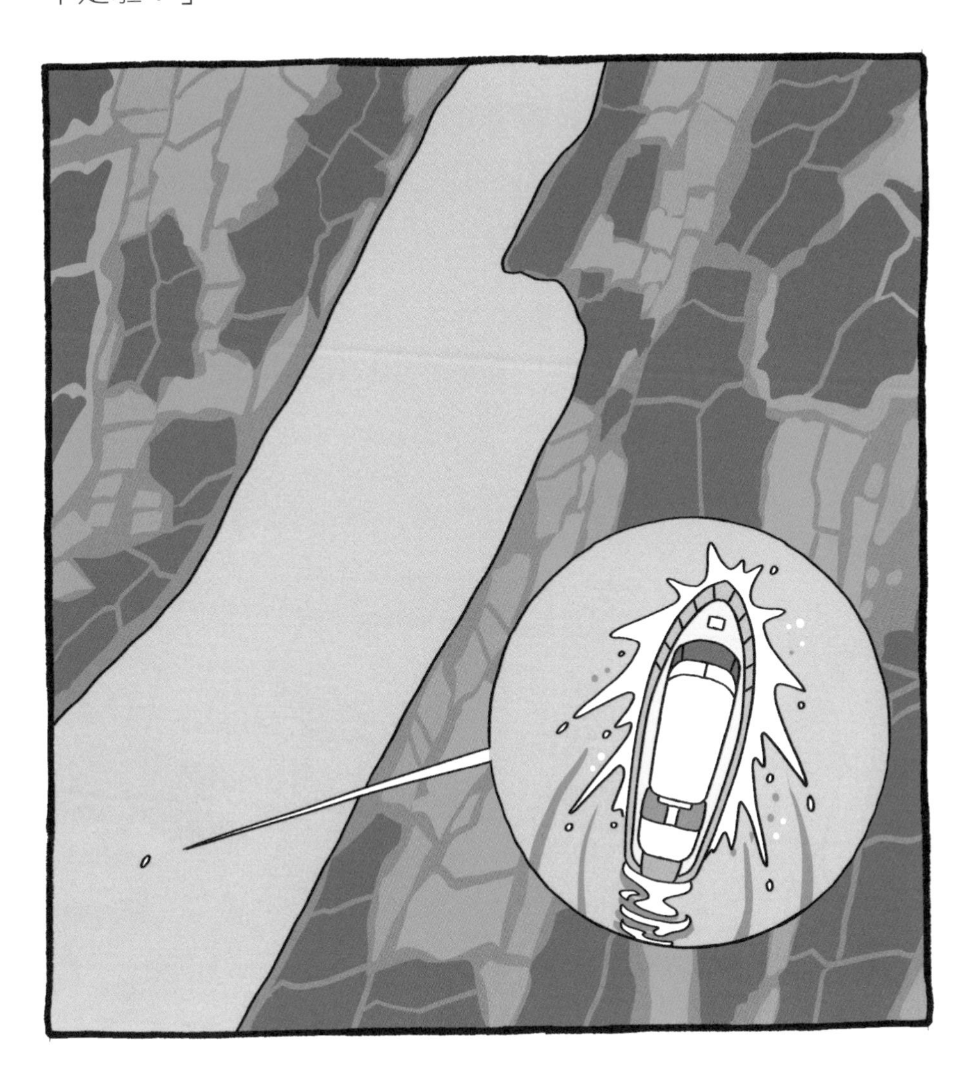

請看看放大圖，說一說人造衛星拍到什麼？

「這其實是『幸運號』！」豬老闆大笑，「哈哈哈，我的遊艇被天上的人造衛星拍到了！你說是不是非常幸運？」原本有點沮喪的豬老闆，再度興奮了起來：「耶，真是幸運！」他忍不住在船上跳起舞來，震得遊艇晃啊晃的。

就在小企鵝們也跟著湊熱鬧，圍著豬老闆又蹦又跳時，船頭的聲納突然響起警示音：「嗶嗶嗶！」豬老闆甩著胖胖的肚子衝去看，發現聲納的螢幕上出現一個龐然大物。

「賓果！」豬老闆興奮大叫：「是尼斯湖水怪，現在就在我們的正下方！」說完，馬上衝進船艙裡亂翻，手忙腳亂的大叫：「我的工具在哪裡？我要把牠抓上來！」

興奮的豬老闆像風一樣在船上跑來跑去，小企鵝們也跟在他屁股後團團轉。幾分鐘後，豬老闆一邊操作著打撈工具，一邊眉飛色舞的大聲宣布：「有了、有了，我現在抓到一個很重的東西！幸運的各位，準備好了嗎？史上第一次親眼見證尼斯湖水怪的時刻到囉！噹啷——」

「嘩啦嘩啦——ㄎㄧ ㄌㄧㄥ ㄎㄨㄤ ㄌㄤ！」豬老闆打撈出來的東西，掉在船尾的甲板上，發出一陣陣巨大聲響。

他簡直不敢相信自己的眼睛，這堆東西看起來像是尼斯湖水怪，但卻碎成了好幾段，亂七八糟的散在甲板上。

達克比走上前去，用手摸了摸這隻怪物。他一邊思考一邊說：「這不是真正的尼斯湖水怪，這很可能只是……」

停！等一等，身為達克比的助手，你是不是也像達克比一樣，判斷出眼前這堆東西是什麼來頭？

你認為它是……

小朋友的模型玩具，請翻到第 77 頁。

拍電影的模型道具，請翻到第 58 頁。

不！貓兄妹不在這裡！

請趕快回到第 36 頁，再次調查烏龜醫生。記住，任何蛛絲馬跡都別放過。然後再回到第 140 頁，重新尋找貓兄妹的正確位置。

## 什麼是DNA？

DNA是遺傳物質 deoxyribonucleic acid 的縮寫，中文的意思是「去氧核醣核酸」。除了同卵多胞胎以外，每個人的DNA序列都不會完全一樣。

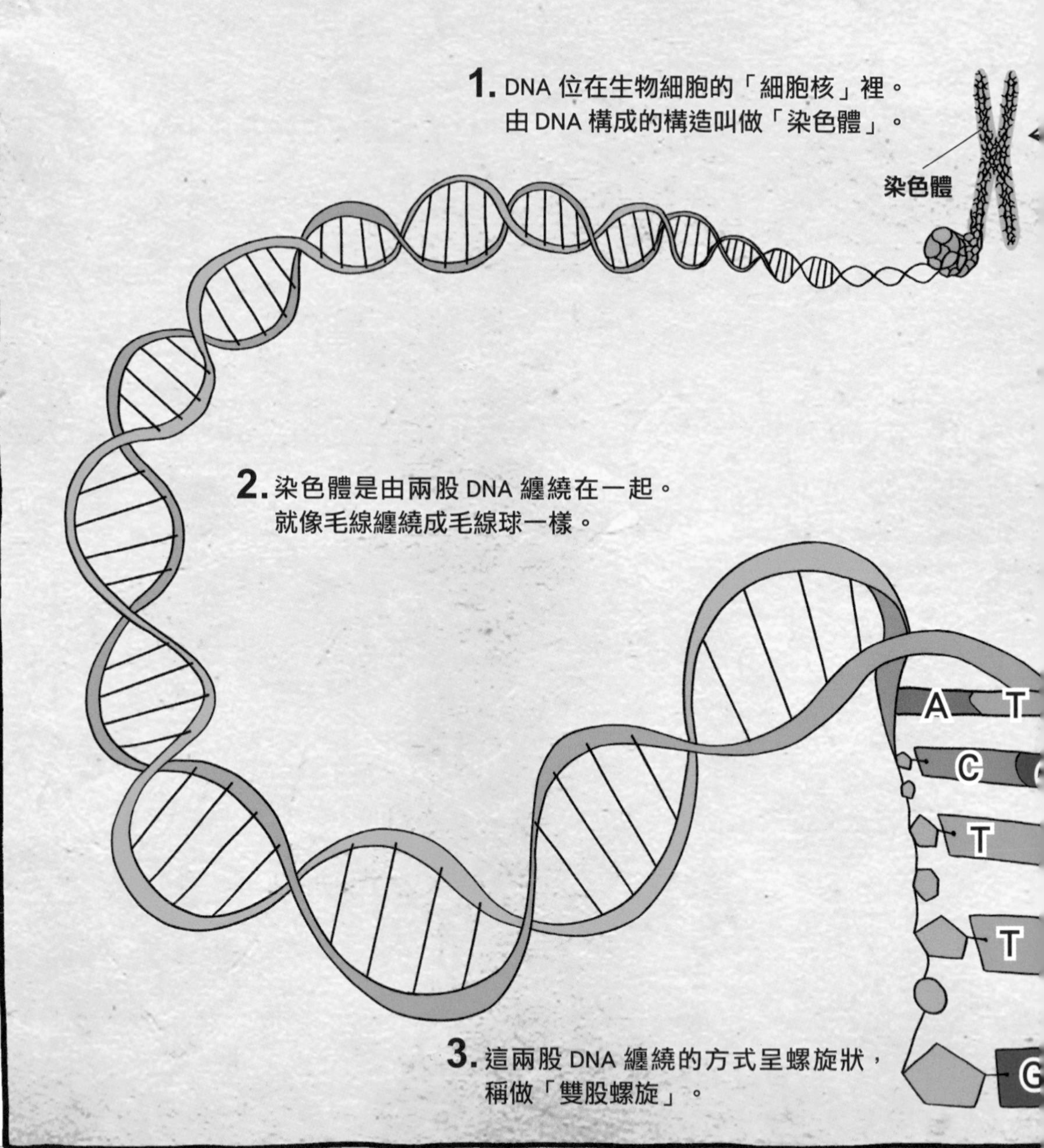

但是同一種生物的 DNA 會有相同處，我們能透過比對 DNA 相同的部分，找出 DNA 的主人是屬於哪種動物。

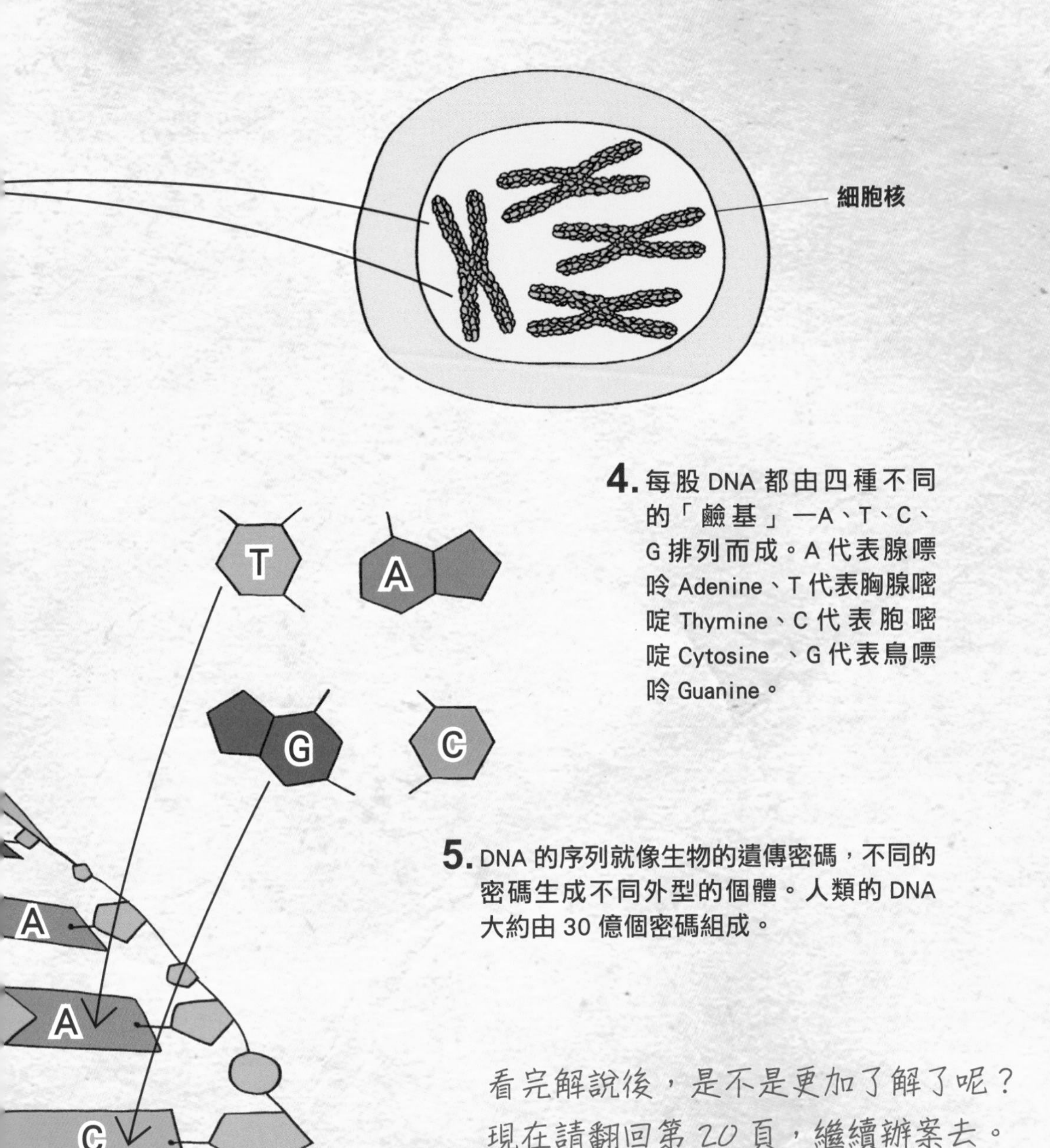


**4.** 每股 DNA 都由四種不同的「鹼基」—A、T、C、G 排列而成。A 代表腺嘌呤 Adenine、T 代表胸腺嘧啶 Thymine、C 代表胞嘧啶 Cytosine 、G 代表鳥嘌呤 Guanine。

**5.** DNA 的序列就像生物的遺傳密碼，不同的密碼生成不同外型的個體。人類的 DNA 大約由 30 億個密碼組成。

看完解說後，是不是更加了解了呢？
現在請翻回第 20 頁，繼續辦案去。

恭喜你答對了！請領取下方的獎勵座標。

(B, 24)~(B, 28)、(C, 29)、(D, 19)、
(O, 29)~(R, 29)

翻到 139 頁將獎勵座標塗滿。

解釋完什麼是聲納以後，豬老闆拿出他拍到的聲納影像，指著黑黑的畫面中央一個彎彎的亮點，得意的問大家：「你們看，這個在深深的水底下，出現的是什麼？」

一個小朋友立刻大叫：「香蕉！」另一個則舉手：「是昏倒的月亮。」還有幾隻小企鵝交頭接耳議論紛紛：「好像我們家吃的腰果。」「才怪！腰果怎麼會跑到水裡？」「可能是小海豚吧？」「小海豚應該在海裡不是在湖裡……」

豬老闆看到小朋友都猜不出來，笑瞇瞇的轉向達克比和阿美：「呵呵，警察叔叔平時辦案很厲害，那請達克比叔叔來告訴我們，這個聲納影像是什麼呢？」

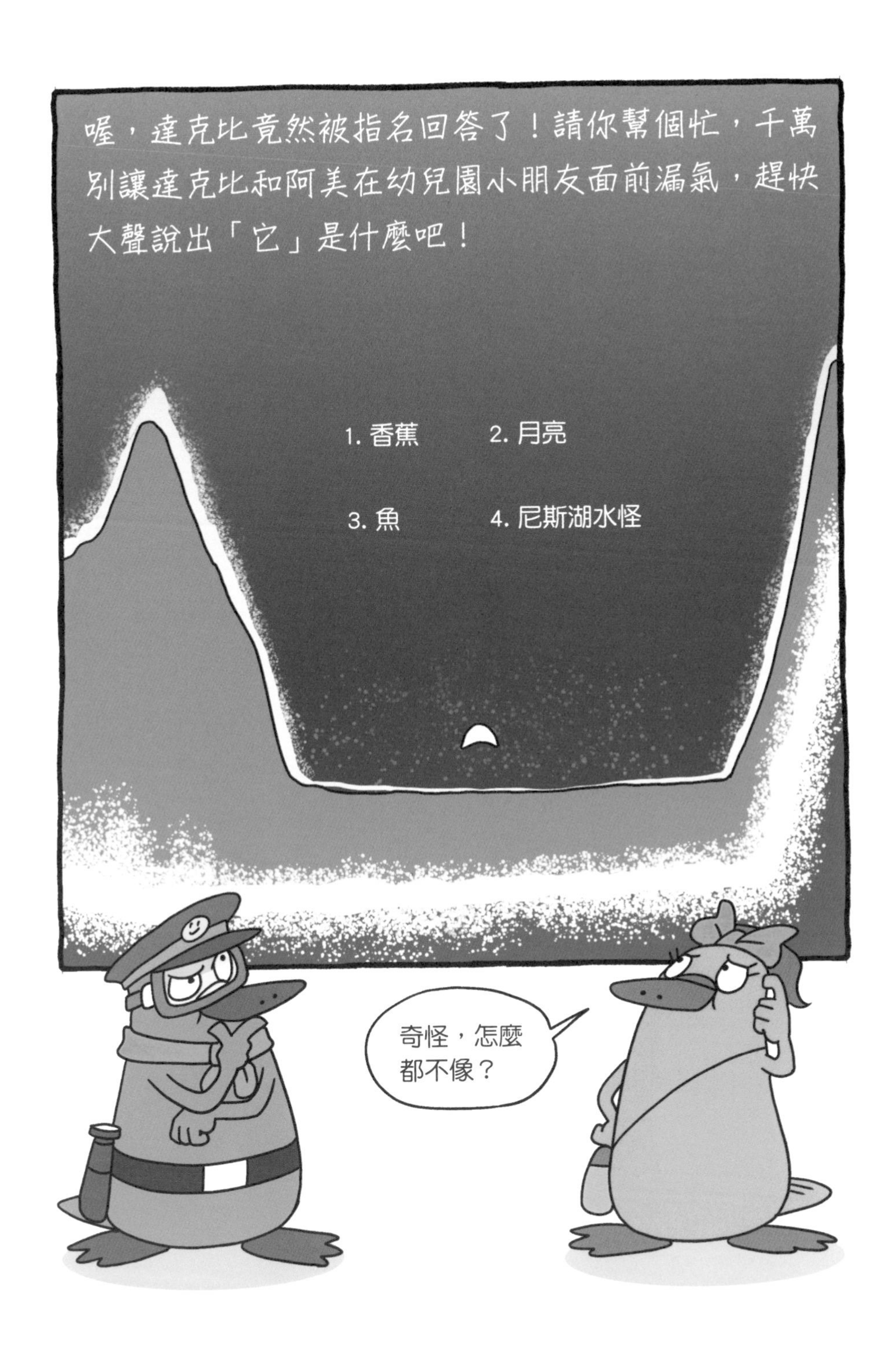
喔，達克比竟然被指名回答了！請你幫個忙，千萬別讓達克比和阿美在幼兒園小朋友面前漏氣，趕快大聲說出「它」是什麼吧！
1. 香蕉
2. 月亮
3. 魚
4. 尼斯湖水怪
奇怪，怎麼都不像？

就在達克比想了一下準備開口說話時，豬老闆興奮的搶先回答：「啊哈！讓我來告訴你們。答案就是：尼、斯、湖、水、怪！」

「哇——」小朋友們聽了都十分驚奇，不停的湊過來想看得更仔細。豬老闆看見小朋友的熱情反應，樂的直說：「怎麼樣？幸運號是不是很幸運！」「下次帶朋友來搭幸運號算你們便宜，票價可以打八折喔。」鵜老師聽了也點頭稱好，要大家一起謝謝老闆叔叔的慷慨優待。

這時候，在這種鬧哄哄的歡樂氣氛裡，阿美看看達克比，達克比也默默的看著阿美。身為辦案助手的你，應該知道他們的心中正在想什麼吧？
什麼！你也不相信聲納圖中捕捉到的影像就是尼斯湖水怪？真棒！你的辦案精神跟達克比一樣，不會不經思考就跟著別人下判斷。
原來達克比腦中所想的是，如果湖裡出現的是一隻大魚而不是尼斯湖水怪，牠的聲納影像應該會是什麼樣？

①

②

你覺得答案是1，請翻到第42頁。
是2，請翻到第73頁。

呵呵，找到暈頭轉向了吧！但是貓兄妹就是不在這裡！請趕快回到第 60 頁，重新拜訪河馬修士。記住，任何蛛絲馬跡都別放過。然後再回到第 140 頁，重新尋找貓兄妹的正確位置。

**呃，這題沒有標準答案。**

因為沒有人知道真正的尼斯湖水怪有幾隻，到底長什麼模樣？所以不能說對，也沒辦法說錯。
（說不定尼斯湖水怪像變形蟲，會改變身體形狀呢！呃，會不會想太多？）

請你翻回第 96 頁，跟著達克比和阿美繼續辦案。

啊哈，答對了！你和達克比的默契越來越好囉！
請領取獎勵座標。

(A, 10)~(A, 14)、(A, 16)~(A, 17)、(D, 9)、(G, 16)~(G, 18)

翻到 139 頁將獎勵座標塗滿。

這是一尊沉在水底的尼斯湖水怪電影道具。

豬老闆像洩了氣的皮球說：「我小時候看過這部電影。聽說拍完電影以後，尼斯湖水怪的模型道具就沉進深深的湖裡，消失了 50 年，沒有人知道它掉在哪裡。」達克比知道豬老闆失望極了。

溫柔的阿美走上前去安慰豬老闆說：「真不虧是幸運號的豬老闆，就連掉在湖裡半世紀的電影道具都被你撈到了！你果然是幸運號的主人，非常、非常的幸運。」

最後，鵝老師帶著小企鵝們回家，結束今天精采的校外教學。豬老闆希望貓小弟不要打敗尼斯湖水怪，因為如果水怪消失了，他的幸運號就會招不到客人，做不成生意。

而你呢？知道貓兄妹在哪裡了嗎？如果覺得線索夠了，請翻到第 140 頁。
如果還沒有，那可能只是因為你還沒有蒐集到足夠的線索。請你翻回第 11 頁，繼續拜訪貓小弟作戰計畫中的其他人吧。祝你好運！

## 都是導演惹的禍？

1970年，一齣名叫《福爾摩斯私生活》的電影在拍攝時，導演不想要飾演水怪的電影道具裝有浮力裝置，叫道具團隊拆掉。結果裝置拿掉後，水怪道具就不小心沉入湖底。

50年後，一家挪威公司的水底機器人用聲納發現尼斯湖底有一個很像尼斯湖水怪的東西，打撈上來發現竟然是失蹤50年的尼斯湖水怪電影道具！

## 調查對象

# 尼斯湖居民的守護者——河馬修士

「這座高塔真美！達克比，幫我跟它拍照！」阿美站在尼斯湖邊，一眼就愛上這棟美麗的房子。這棟高塔是用石頭砌成的，外表看起來帶有歲月的痕跡，好像矗立在尼斯湖邊好久好久了。

「親愛的，很抱歉，」達克比望向房子的最頂端說：「今天我們身上有重要任務。貓小弟作戰計畫中的河馬修士，就住在這棟湖邊的房子裡。我猜他現在正在高塔上，用望遠鏡搜尋湖面，監控著尼斯湖水怪的動靜。」

「不過，這位修士好像不喜歡別人打擾，房子門口連門鈴都沒有。」阿美左看看右看看，可是什麼也沒找到。「難道是要用喊的嗎？這可是我阿美的強項！」於是她扯開喉嚨，大喊：「河——馬——修——士————！」

「等等！」達克比突然機警的打斷阿美。因為他瞄到門口正上方高高掛著一個木牌，上面寫道：

旁邊則貼著一張白紙：

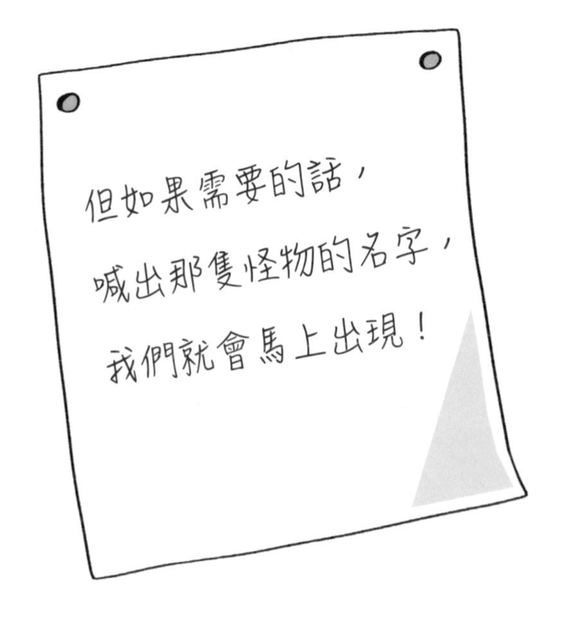

糟糕，河馬修士誤會了！第一次來訪，這樣子打招呼可是很不禮貌的！請你快來幫幫達克比，找出尼斯湖水怪的名字吧！

完成以下的填字遊戲。填入正確的英文字後，把字由左上到右下連成一條線，拼起來就是尼斯湖水怪的名字喔！

**橫**：1. 新聞
2. 床
4. 公車
5. 我
6. 再見

**直**：3. 太陽

我知道了！尼斯湖水怪的名字叫做＿＿＿＿＿＿＿＿！
大聲唸出來，河馬修士就會來開門喔！

正確答案請見第 147 頁

阿美擺好架勢，深深吸一口氣，對著門口大喊：「Nessie！」樓梯馬上飛出一個人影，踼踼踏踏衝下樓來。

「嘿，看來我們答對了！」阿美心裡興奮的想。「砰！」大門打開了。「是誰？怎麼了？Nessie 出來咬人了嗎？他現在在哪裡？」應門的人一開門，就像連珠砲似的問了一連串問題，臉上露出緊張的表情。

「呃，你好。我叫達克比，她是阿美。」達克比禮貌的鞠躬說：「我猜，您就是人稱『尼斯湖的守護者』——河馬修士吧？」

「你們不是受到尼斯湖水怪的攻擊嗎？」河馬修士愣了一下，臉上的表情隨即變得嚴肅：「如果不是的話，請不要打擾我，尼斯湖水怪隨時可能攻擊居民，我要回去繼續我的工作。」河馬修士說完便轉身就想關門，達克比卻比他快、上前一步用手擋住他的去路。

「不好意思，我是來自河濱派出所的警察達克比。據報有一對貓兄妹在尼斯湖失蹤了，請問他們兩位有來找過你嗎？」達克比說道。

「你是說身上穿戴頭盔、盾牌、寶劍和公主皇冠的那兩個孩子嗎？」河馬修士用力回想，除了尼斯湖水怪，很多的事情他都容易忘記。

「這麼一說，好像有。他們說，他們是從很遠的地方來，想尋找尼斯湖水怪。」

「沒錯。就是他們！」阿美聽了很興奮。

「我叫他們到尼斯河去了。尼斯河是從尼斯湖流出的河流。他們說聲謝謝就走了。沒打擾我工作，是一對可愛的乖孩子。」河馬修士一邊上樓一邊說，達克比和阿美也提起腳步趕緊跟上。

到了頂樓，河馬修士迫不及待拿起望遠鏡，盯著尼斯湖的湖面來回巡視。

「哇，好開闊的視野！」阿美興奮的看著窗外美景，幾乎忘了貓兄妹這檔事。「整個尼斯湖從這裡都能看見耶！」

當然這也就是為什麼，河馬修士決定搬到這棟房子監控水怪的原因。但達克比心裡很納悶，為什麼尼斯湖這麼大，河馬修士偏偏叫他們到尼斯河去，而不是尼斯湖的四周呢？

「答案很簡單。」河馬修士終於放下望遠鏡，「因為那裡是我的偶像──聖庫侖修士，遇到尼斯湖水怪的地方。」

「聖庫侖？」達克比的眼睛一亮，心想或許能馬上找到貓兄妹。「那是誰？快告訴我，我去拜訪他。」

河馬修士放下望遠鏡，笑了出來：「哈哈哈！如果能真的親眼見到他，我早就去了。」

「聖庫侖是把天主教傳到英國蘇格蘭的人。他是在西元565 年遇到尼斯湖水怪。你們想知道為什麼我決定效法他，奉獻一生守護尼斯湖的居民嗎？」達克比和阿美點點頭，河馬修士從書架上拿出一本書，拍拍書封上的灰塵，準備把故事告訴他們。

《聖庫侖的一生》這本書的作者是西元 7 世紀的阿德曼。書中記錄了聖庫侖在尼斯河遇到水怪的故事，被認為是人類歷史上關於尼斯湖水怪的第一次記載。

等等！聽到這裡，聰明的你是不是跟達克比一樣，察覺到一件奇怪的事呢？《聖庫倫的一生》是尼斯湖水怪在人類歷史上的第一次記載。算一算，如果尼斯湖水怪從那時候活到現在，至少幾歲了？

請完成以下的算式：

| | |
|---|---|
| 今年的年份 | 20□□ |
| 水怪第一次出現的年分 | − 565 |
| | 1□□□ |

問題還沒結束，請翻到下一頁。

經過仔細的計算，你應該和達克比一樣，發現尼斯湖水怪的壽命已經超過一千歲了！尼斯湖水怪會是一隻真實的生物嗎？如果是的話，牠可能會是哪一類的動物呢？看看右頁介紹的長壽動物來幫助思考，猜一猜並連連看以下動物的平均壽命。

弓頭鯨　　暴龍　　海龜　　大象

200 歲　70 歲　30 歲　150 歲

請根據牠們的壽命，按照由長到短的順序畫出箭頭。

海龜　　大象

↑

弓頭鯨　　暴龍

畫出的圖形像ㄇ的話，請翻到第 22 頁。
畫出的圖形像N的話，請翻到第 93 頁。

## 長壽動物排排站！

**最長壽的魚類**　格陵蘭鯊魚，壽命大約 270 歲。

**最長壽的珊瑚**　黑角珊瑚，壽命大約 4000 歲。

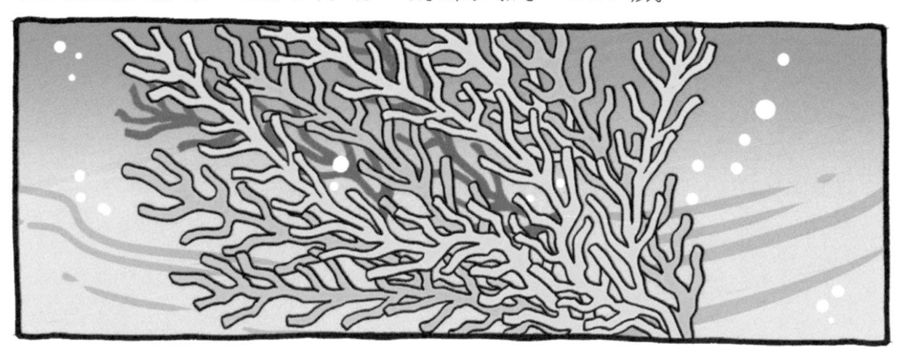

**最長壽的生物**　水螅，接近永生不死。

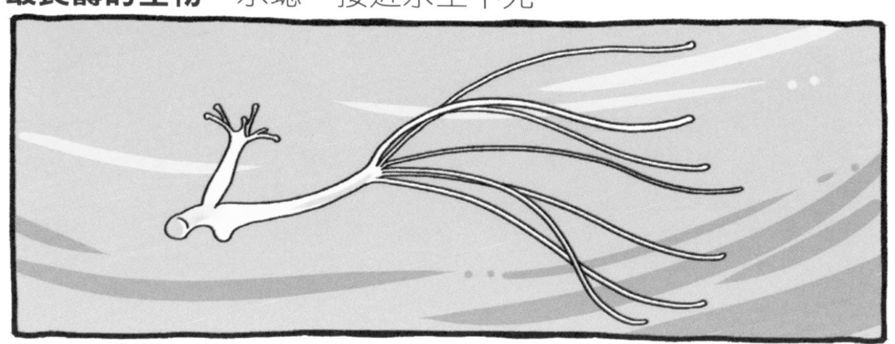

## 採樣地點錯誤！

每一種動物的習性不同，偏愛的生存環境也不一樣；像是有些魚類只生活在岸邊的淺水中，有些卻喜歡深水區域。為了盡可能找到生活在尼斯湖裡的所有生物，採集環境DNA的地點應該盡量均勻分布，這樣才能把漏掉動物的機會降到最低。

請翻回第76頁，重新選擇！

## 你沒看過聲納影像，所以做了錯誤的判斷！

沒關係，給你以下提示——聲納設備發出的聲波是在魚的背部被反射，而不是腹部。

這樣你應該知道怎麼選擇了吧，請你翻到第 55 頁，再試一次！

答對了，你真的很不賴呢！請領取獎勵座標和閱讀下方內容。

(E, 20)、(I, 21)、(J, 16)~(M, 16)、
(O, 16)~(T, 16)、(S, 6)

翻到 139 頁將獎勵座標塗滿。

## 如何利用「環境 DNA」調查尼斯湖裡有沒有水怪？

**A.** 到尼斯湖裡採集湖水樣本。

**D.** 「DNA 定序」也就是把每一段 DNA 的密碼分析出來。

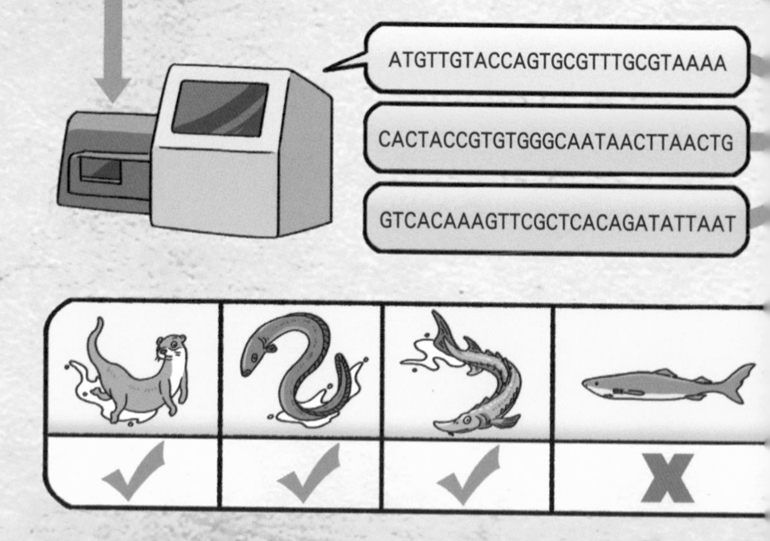

**B.** 在湖水樣本中的DNA萃取出不同動物的DNA片段。

**C.** 把每一種DNA複製很多次，以便進行後續的「DNA定序」。

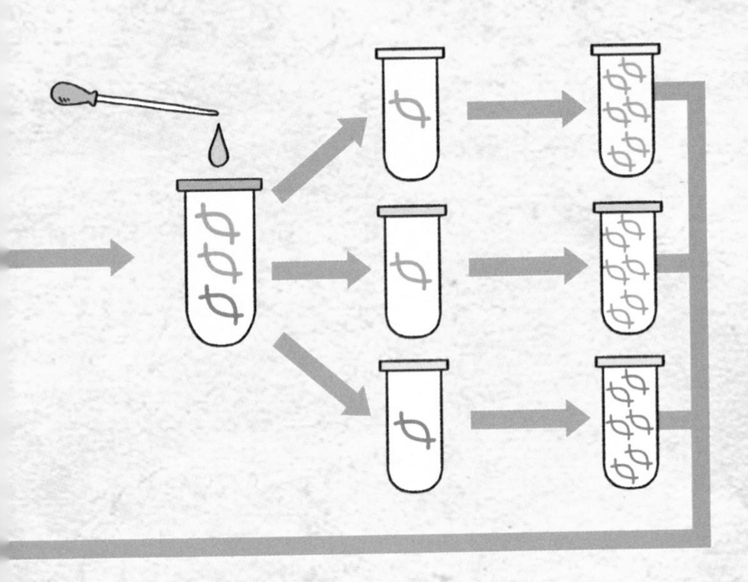

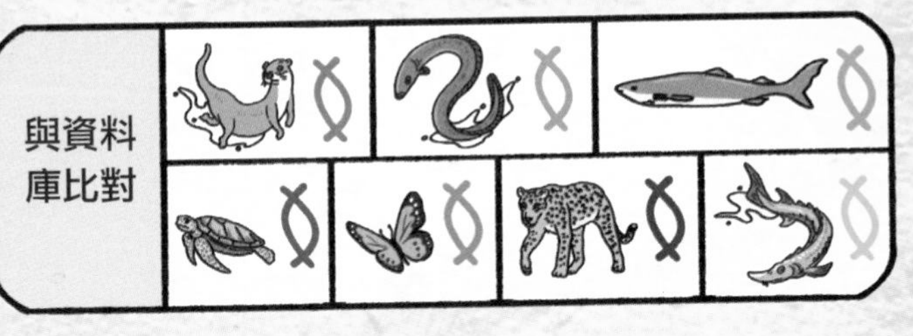


**E.** 把湖水樣本中找到的DNA密碼與資料庫中已知密碼的動物比對。

**F.** 這樣就知道尼斯湖裡有哪些生物、沒有哪些生物了。

請翻到下一頁繼續閱讀。

為了用科學方法揭開尼斯湖水怪的祕密，兩個科學家拜託達克比和阿美幫忙，因為他們兩個天生就是游泳高手，不像貓頭鷹和金剛猩猩都是旱鴨子，沒辦法輕鬆游到水裡蒐集湖水樣本。

達克比和阿美非常樂意，不過這個任務可不輕鬆。兩位科學家帶著達克比和阿美來到湖邊，你覺得如果想要盡可能找出所有生活在尼斯湖裡面的生物，他們應該在哪裡蒐集湖水的樣本呢？一個黑點代表一個地點，你覺得地點分布的方式應該像A圖、B圖還是C圖？

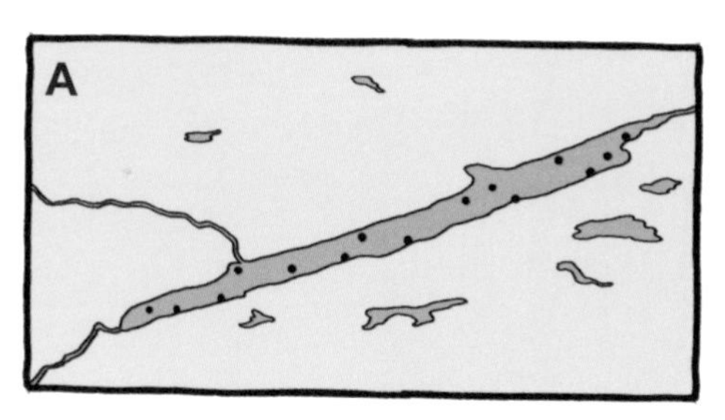


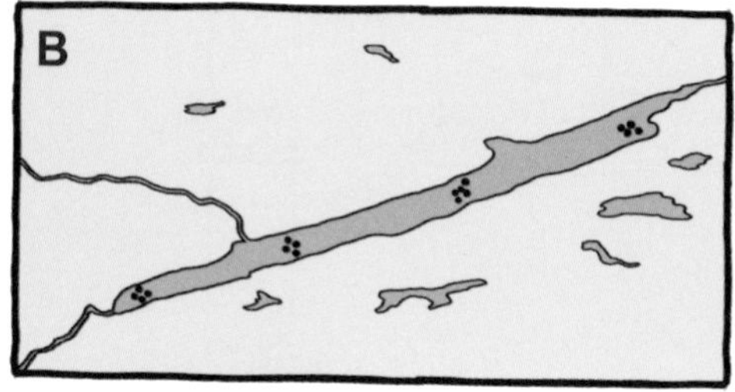


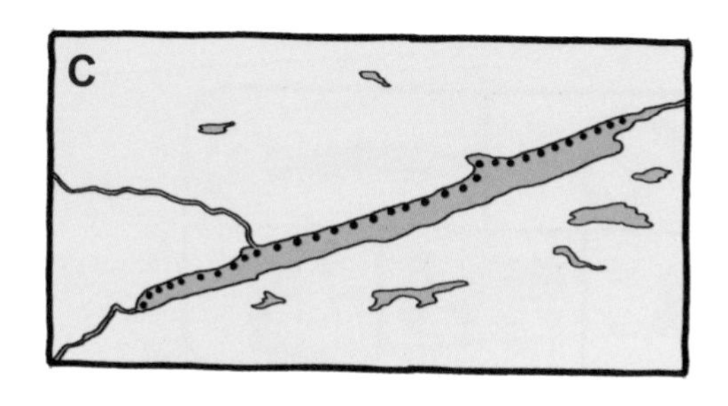


答案是A的話，請翻到第87頁。
答案是B的話，請翻到第35頁。
答案是C的話，請翻到第72頁。

## 判斷失誤！

你有看過小朋友玩這麼大的模型玩具嗎？

這個模型全長 9 公尺，大約是一個小朋友身高的七倍！

你必須像達克比一樣，加強警察辦案的直覺。

請翻回第 48 頁，重新再評估一次！

答對了！請領取獎勵座標後，繼續閱讀下面的故事。

(D, 12)、(K, 9)、(M, 1)~(O, 1)、
(N, 2)~(P, 2)、(M, 3)

翻到 139 頁將獎勵座標塗滿。

聽完這些，雞媽媽、鴨小姐和天竺鼠小弟對達克比都佩服極了。他們終於了解為什麼不同目擊者報告的尼斯湖水怪，經常出現不同的形狀和大小。不過，身為尼斯湖水怪的忠實粉絲，心裡至少有一件事情是確定的，那就是──世界上「真的」有尼斯湖水怪，而這些被相機拍到的水怪就是證據！

「呃，那就要仔細檢查每一張水怪的照片有沒有造假。」達克比說。

天竺鼠調出幾張尼斯湖水怪的目擊照片給達克比看。「這幾張是我們俱樂部收到的尼斯湖水怪照片，麻煩厲害的警察先生幫我們鑑定一下。」天竺鼠恭敬的說。

達克比湊近電腦仔細看，一會兒放大影像，一會兒又把影像縮小。過了幾分鐘，他突然大叫一聲：「啊！」

抓到了嗎？雞媽媽、鴨小姐、阿美和天竺鼠小弟都圍了過來。達克比說其中一張照片有造假的嫌疑。請你也仔細檢查，照片中不合理的地方在哪裡？請把它圈起來。

答案請見第 147 頁

「太厲害了，真是明察秋毫！」雞媽媽看到達克比出色的表現，忍不住讚賞的拍起手來。

「我們俱樂部最需要的，就是這樣的人才！」鴨小姐和天竺鼠小弟也拍著手靠過來，團團圍住達克比。

「真希望你能留下來，警察先生。」天竺鼠真誠的說，並往前走一步。

「對啊，來當我們俱樂部的鑑識專家！」雞媽媽也露出期待的眼神，往前走了一步。

「來嘛來嘛，你會變得跟我們一樣，超愛小尼尼。」鴨小姐說完也往前走一步。

他們三個慢慢逼近達克比，熱情的像熊熊火焰般，燙得達克比一直往後退，不知道該怎麼辦才好。

「對了，貓兄妹！」這時阿美突然伸出手，「解救」達克比：「親愛的！我們還要去找貓兄妹！對不對？」

「對！我們還有事……」達克比趕緊大聲附和。

接著，兩人飛快的一鞠躬：「感謝提供寶貴線索，我們一定會找到貓兄妹的！」

正當雞媽媽、鴨小姐和天竺鼠小弟還來不及反應時，達克比和阿美早已逃出俱樂部，消失得無影無蹤。

看到這裡，你有把握找到貓兄妹了嗎？
如果有信心，請翻到第 140 頁。
如果還沒有，那可能只是因為還沒蒐集到足夠的線索。
請你翻回第 11 頁，繼續拜訪貓小弟作戰計畫中的其他人物吧！祝你好運！

## 調查對象

# 尼斯湖水怪忠實粉絲——尼粉俱樂部

「尼粉俱樂部」是由一群尼斯湖水怪的忠實粉絲所組成。照理說粉絲們聚在一起聊水怪應該很歡樂，可是這天當達克比和阿美一腳踏進俱樂部時，裡頭氣氛卻恰好相反。

鴨子小姐坐在接待櫃臺前愁眉苦臉，雞媽媽和天竺鼠小弟則在電腦旁低聲交談，不時搖頭嘆氣，氣氛相當沈重。

「您好，我是河濱派出所的警察達克比……」達克比開口問：「請問這幾天有沒有一對貓兄妹來這裡？他們的眼睛圓圓大大，哥哥戴著頭盔，妹妹打扮得像公主一樣。」

鴨子小姐聽了抬起頭，她的眼眶紅紅，好像剛剛哭過，但還是勉強打起精神回答：「貓兄妹？有的。那天剛好也是我值班……」鴨小姐用衛生紙擤了鼻涕，接著說道：「他們兩位非常可愛，我送他們尼斯湖水怪的貼紙，妹妹高興的馬上把貼紙貼在哥哥的頭盔上面……」

「那他們有沒有問起最近尼斯湖水怪出現的地點呢？尼斯湖這麼大，我們猜他們想找水怪，應該會從有人看到尼斯湖水怪的地方找起……」阿美問。

阿美話才落下，鴨小姐卻突然難過的說不出半句話，淚水在她的眼眶裡打轉，坐在裡面的雞媽媽和天竺鼠小弟走過來安慰她的時候，也忍不住跟著流下淚來。

「對不起，請不要責怪鴨小姐。」雞媽媽對達克比和阿美說：「今天我們三個人的心情都很差。我加入尼粉俱樂部十幾年了，還沒有遇過比這個更令人傷心的事情了……」

「請問發生了什麼事？」達克比關心問道。

雞媽媽把鴨小姐摟在懷裡說：「過去每隔一段時間，都會有人來俱樂部通報自己在哪裡看見了尼斯湖水怪。可是最近已經整整一年半，完全沒有人在尼斯湖看到牠。我們擔心……擔心……」說著說著，雞媽媽也哭出聲來，激動的跟鴨小姐抱成一團。

天竺鼠小弟沈重的幫雞媽媽把話說完：「我們擔心尼斯湖水怪已經死了！所以我們三個剛才討論，要為心愛的水怪舉辦一場盛大的喪禮！不讓牠孤獨的死去！」

「什麼？尼斯湖水怪死了？」因為過於驚訝，達克比睜大了雙眼。他不敢相信的看向阿美，發現阿美也用同樣的表情愣在那裡。

「沒錯。我們想到舉辦喪禮的第一步，就是要幫可愛的小尼尼畫一張完美的『遺像』。」

「小尼尼？小尼尼是誰啊？」達克比問。

「就是我們親愛的尼斯湖水怪啊！」雞媽媽說。

「可是傷腦筋的是，我們三個人畫出來的小尼尼竟然都不一樣！」鴨小姐擦了鼻涕提出請求：「警察先生您來得正好，能不能幫我們挑選一下，你覺得哪一張小尼尼畫得最好、最正確呢？」

「呃……」達克比看了看天竺鼠手上拿著的三張畫像，覺得很難決定。從這三張圖看得出來他們對尼斯湖水怪都十分有愛。可是讓達克比和阿美困惑的是，明明是同一隻水怪，大家看到的怎麼都不一樣？難道，尼斯湖裡的水怪不只一隻？仔細分析目擊者描述的尼斯湖水怪形狀，你覺得這些目擊者看到的是同一隻水怪嗎？

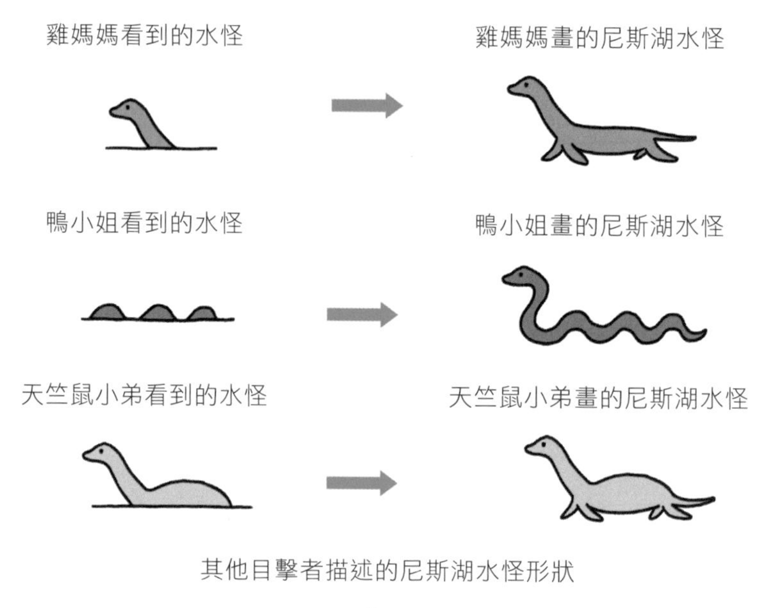


如果你覺得：「世界上只有一個尼斯湖水怪，所以大家看到的一定是同一隻」，請翻到第119頁。如果你覺得：「尼斯湖水怪可能有好幾隻，會有不同形狀的紀錄是因為畫了不同隻的尼斯湖水怪」，請翻到第57頁。

答對了！你選的採樣地點很棒！請領取獎勵座標。

(A, 5)~(A, 7)、(B, 4)、(B, 15)、(C, 13)、(C, 3)~(E, 3)

翻到 139 頁將獎勵座標塗滿。

經過一整個白天的努力，當他們取完湖水樣本回到澡堂時，天色已經昏暗，星星在天空高高掛起。

游了一整天泳的達克比和阿美，吃完晚餐後，就在實驗室旁的沙發上昏昏睡去。彎彎的月亮在安靜的夜空裡移動，澡堂地下室的燈光卻整晚沒有熄滅。

天剛亮時，金剛猩猩和貓頭鷹已經把湖水裡所有的環境 DNA 定序完成，開始與資料庫裡的動物比對。

人　CATTCAATTTCGGCCTACATTGTTTCGT
豬　ACAATACCCGGCTAACAAGCTGCAAT
馬　AACGTTGCATAACGTGCAAACTTGTCACGA
歐洲鰻　CACTACCGTGTGGGCAATAACTTAACTG
大西洋鮭魚 TTCATAGGCGGGTTATTTACGAACGGTG
鱒魚　CTTGTACGCCAATCGTCAATTGCACAT
鱘魚　ATGTTGTACCAGTGCGTTTGCGTAAAA
狗　CAGTACAAAATGCCACACGTCGGTATT
鹿　ATAAGTGTATCCTGCGGATCAATCGGCA
田鼠　TCTTGTACAGTACCCCTGTTCAATCG
獾　GTCTACGTGATCGTAATGCAACGTTGGT

AACTTGAGCCGGTAC……哇，密密麻麻的 DNA 序列讓人比對起來，真是眼花撩亂！找一個有興趣的朋友跟你比賽一下，你們各需要多少時間，才能找到以下五個片段各屬於什麼動物？

AATTTCGGCCTACATTG

CCGTGTGGGCAATAAC

TTCATAGGCGGGTTATT

CAATACCCGGCTAACAA

TATCCTGCGGATCAATCG

這五種動物分別是：

______、________、________、________、________。

我用了______分________秒

我的朋友用了________分________秒。

答案請見第 147 頁

答案準備揭曉了！金剛猩猩和貓頭鷹特別把達克比和阿美叫醒，準備迎接這盼望多時才等到的一刻。

貓頭鷹說：「一定是我贏！尼斯湖裡真的有尼斯湖水怪！」

金剛猩猩吐氣說道：「絕對是我贏！尼斯湖裡會有尼斯湖水怪才怪！」

他們兩個請達克比幫忙按下電腦的 enter 鍵。

結果出來了！資料庫比對後發現，這座湖泊大約有三千種生物，包括許多小魚、人、狗、羊、鹿、獾、兔子、田鼠、鳥類，但是沒有蛇、鱷魚，更沒有像恐龍或蛇頸龍這類古代大型爬蟲類的蹤跡。

「呀呼！我贏了，耶！」金剛猩猩歡呼：「這代表尼斯湖水怪根本不存在！」

「怎麼可能？」貓頭鷹張大眼不敢置信的說：「明明每年都有很多人親眼看到尼斯湖水怪，難道這些都是看錯的嗎？」

「不管，我成為科學家就是為了今天！說好輸的人要被贏的人彈耳朵。快把耳朵靠過來，原本打賭十下，但經過這麼多年要生利息，算你十二下就好。」

「誰說的！你都自己規定！」貓頭鷹大聲抗議，摀著耳朵閃開。

「呵呵呵呵。」阿美覺得這一幕有趣極了。她興致盎然的看看金剛猩猩，又看看貓頭鷹。達克比也說：「一言既出，駟馬難追。貓頭鷹先生你應該願賭服輸！今天有我警察見證，你就乖乖交出你的耳朵吧！」

聽到大家都這麼說，貓頭鷹終於不情願的放下雙手，露出一對尖尖的耳朵。金剛猩猩興奮的朝著雙手哈氣、搓搓手，再把大拇指和食指互扣，用力朝著貓頭鷹的耳朵彈下去！

但是等了這麼多年，萬萬沒有想到貓頭鷹的「那裡」羽毛鬆鬆的，一彈下去除了空氣，竟然什麼都沒有！

## 尼斯湖水怪最有可能是「鰻魚」？

2018 年，紐西蘭奧塔哥大學的科學團隊在尼斯湖蒐集了 250 個湖水樣本。他們分析這些樣本裡的環境DNA 發現，尼斯湖的湖水裡沒有住著大型爬蟲類的證據，並且尼斯湖水怪也不是出沒在格陵蘭島附近的鯊魚或巨型鯰魚。

不只如此，主持研究的科學家吉爾．格梅爾（Neil Gemmell）認為，人們看到的尼斯湖水怪最有可能只是尼斯湖裡到處都是的「歐洲鰻」。雖然這種鰻魚的尺寸目前已發現最大的只達 180 公分，但或許有少數鰻魚能長到兩倍大，而被目擊者誤認為是尼斯湖水怪也說不定。

哈哈，可憐的金剛猩猩被騙了！原來貓頭鷹只有耳「孔」，耳孔外長著「耳羽」，根本沒有耳殼！身為生物專家的金剛猩猩，怎麼連這點生物常識都沒有呢？沒辦法，誰叫金剛猩猩和貓頭鷹打賭時還太小，不但還不知道貓頭鷹沒耳朵，也沒想到長大後會有這麼一天，以「環境DNA」的科學方法破解尼斯湖水怪的祕密。

記者很快的把這個消息傳到世界各地。但還是有些人不相信，因為在他們的心目中，尼斯湖水怪不一定是蛇頸龍或是恐龍的後代，更不用說萬一尼斯湖水怪是一種怪物或外星生物，根本沒有DNA也說不定！

看到這裡，你知道貓兄妹在哪裡了嗎？如果覺得線索夠了，請翻到第140頁。

如果還沒有，那可能只是因為你還沒有蒐集到足夠的線索。請你翻回第11頁，繼續拜訪貓小弟作戰計畫中的其他人吧。祝你好運！

## 喔喔，請你再接再厲！

身為動物警察助手的你，該不會真的以為暴龍比大象長壽吧？暴龍雖然強壯又巨大，但其實並不長命喔。

如果想要順利偵辦動物案件，動物的平均壽命應該是你的基本知識。

不過沒關係，這個小缺失很快可以彌補過來。

請你趕快翻回第 70 頁，重新選擇一次吧！

喔不，海豚可是海中的聲納高手喔！牠們能從額頭發出聲波，再從下巴接受反彈的聲波。

海豚和蝙蝠都能利用聲納來偵查獵物的位置，這種功能被叫做「回音定位」或「回聲定位」。

但是別氣餒，這只是個小失誤。達克比和阿美需要你！

請你回到第 117 頁，重新做出選擇吧！

可惜～就差那麼一點點！

請趕快回到第12頁，重新調查神秘科學家。記住，任何蛛絲馬跡都別放過。然後再回到第140頁，重新尋找貓兄妹的正確位置。

恭喜你回到尼粉俱樂部現場，請領取獎勵座標並繼續閱讀下方故事。

(B, 17)~(B, 20)、(G, 24)~(I, 24)、(G, 25)~(I, 25)、(H, 9)

翻到 139 頁將獎勵座標塗滿。

不過，就在鴨小姐和雞媽媽爭執著誰看到的水怪才對時，天竺鼠小弟在俱樂部信箱中收到了一封新的電子郵件並興奮的大叫：「你們快看！有人寄小尼尼的目擊照片來了！」

「啊，小尼尼沒死？」雞媽媽聽了開心的咕咕亂叫。「老天保佑！我們的小尼尼還活著呢，牠可是活得好好的！」鴨小姐高興到又哭了出來。

這封目擊紀錄，讓大家鬆了一口氣。事隔一年半後，終於又有人看到尼斯湖水怪的蹤影，表示尼斯湖水怪依然健在。

「快快快！打開郵件看看，信件裡面寫些什麼。」雞媽媽興匆匆的催促天竺鼠小弟。達克比和阿美也好奇的湊到電腦前，跟著他們一起看。

**我們看到尼斯湖水怪了！**

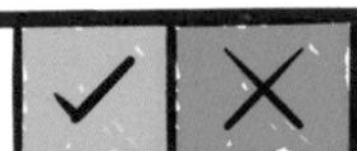

你好！我叫安妮，8 月 12 日下午 3 點 23 分，我和媽媽到尼斯湖遊玩時，幸運的拍到一張尼斯湖水怪的照片(如附件)。我們在尼斯湖邊住了兩天，一直希望親眼看到尼斯湖水怪。牠在湖面上安靜的飄浮了兩分鐘，雖然我們看不清楚牠在做什麼，但是我覺得牠非常可愛。請幫我們告訴全世界，尼斯湖水怪是真的。我們感到非常光榮。

安妮 敬上

接著，天竺鼠迫不及待打開附件裡的照片檔案。尼斯湖水怪的照片在螢幕上一展開，三個忠實粉絲都異口同聲的讚嘆：「哇——」

只有達克比和阿美瞇起眼：「哪有？尼斯湖水怪在哪裡？」

「這裡啊！」鴨小姐指著照片中的小黑點愉快的說：「你看，這個目擊者拍得非常清楚。」

聽到這裡，達克比和阿美都快昏倒了。眼尖的你，可以幫忙把所謂的「尼斯湖水怪」圈出來嗎？不要懷疑，不少尼斯湖水怪的照片就只有這麼一小點，你覺得這樣足夠證明尼斯湖水怪真的存在嗎？

「警察先生，請你不要用有色眼光來看我們的小尼尼！」雞媽媽看到達克比的反應，不高興的板起臉來抗議說。

「尼斯湖的湖面這麼寬，站在岸邊拍到的水怪就會很小，這很正常吧！只要有足夠的經驗，就能正確判斷尼斯湖水怪的大小。就以這張照片來說吧，我判斷尼斯湖水怪距離岸邊 600 公尺，水怪大約 10 公尺長。」

「不對吧。我覺得應該近一點，距離大約 300 公尺，水怪 5 公尺長。」雞媽媽立刻糾正。

「不不不不，我判斷是 500 公尺，8 公尺長。」天竺鼠小弟也加入戰局。但是明明是同一隻水怪，怎麼可能有不同的身材大小呢？所以接下來，這三個熱情的「尼粉」又為了水怪應該有多大，你一句、我一句的爭論起來。

達克比冷靜思考了一下，扮起和事佬：「好了好了，三位不要吵。你們三個都可能是對的，也可能都不對！」

「啊？」

聽到這，雞媽媽、鴨小姐和天竺鼠小弟都停下來，用疑惑的眼光看著達克比。

「怎麼可能對又都不對？你在繞口令嗎？」

「達克比先生，你的邏輯不通呀！」

阿美也不知道達克比是怎麼想的，不過阿美對達克比有信心：「對呀，這是為什麼？親愛的，你一定想到什麼我們都想不到的事吧？」

「給我紙和筆，我解釋給你們聽。」達克比說。

於是天竺鼠很快的拿來紙筆，達克比在紙上畫了一隻尼斯湖水怪，問大家說：「假設有一個人站在岸邊，遠遠看到一隻尼斯湖水怪，你覺得這隻尼斯湖水怪大概有多大？」

咦，達克比的葫蘆裡到底賣什麼藥？我猜你跟大家一樣一頭霧水吧。不過，想成為優秀的辦案助手，你必須先磨練耐心，所以請你耐著性子先回答以下的問題。

「阿美，妳答對了！」達克比說。

「怎麼可能？」雞媽媽聽了不服氣的咕咕叫。

「像馬像狗又像長頸鹿？」

「這不合邏輯！」

「我們越聽越糊塗了！」鴨小姐和天竺鼠小弟也忍不住大聲抗議。

「我來解釋給你們聽。」達克比說：「天竺鼠小弟，麻煩電腦借我一下。」

他坐到電腦前面，很快的在網路上找到一張圖：「找到了。就是這張。」

「請問，在這張攝影遊戲的照片中，一人拿著籃球，另一人假裝拿著『太陽』。請問，你們覺得籃球比較大？還是太陽比較大？」

「這還用說？」

「三歲小孩都知道。」

「當然是太陽比籃球大。這只是『借位』攝影的技巧。」三人看了以後，七嘴八舌的說。

「很好，你們回答得很正確。」達克比解釋：「大家都知道太陽比球大，只是因為太陽的位置非……常非常遙遠，所以看起來幾乎跟籃球一樣大。尼斯湖水怪的例子也是同樣的道理。」

「啊？」其他四個人聽了又異口同聲叫出來。

達克比在紙上畫了一隻狗、一匹馬、一隻長頸鹿，然後解釋說：「狗、馬、長頸鹿在不同的距離下，看起來也有可能一樣大。長頸鹿只要距離狗遙遠，看起來就會跟小狗一樣小；就像我畫的這樣。」

「如果尼斯湖水怪的距離是在 A 和 B 之間，那牠的真實大小是介於狗和馬，如果尼斯湖水怪的距離是在 B 和 C 之間，那牠應該大於馬、小於長頸鹿。」

「但是重點來了——人們目擊尼斯湖水怪時，很難正確判斷『距離』。所以尼斯湖水怪的體型大小，當然也就不容易估計。」

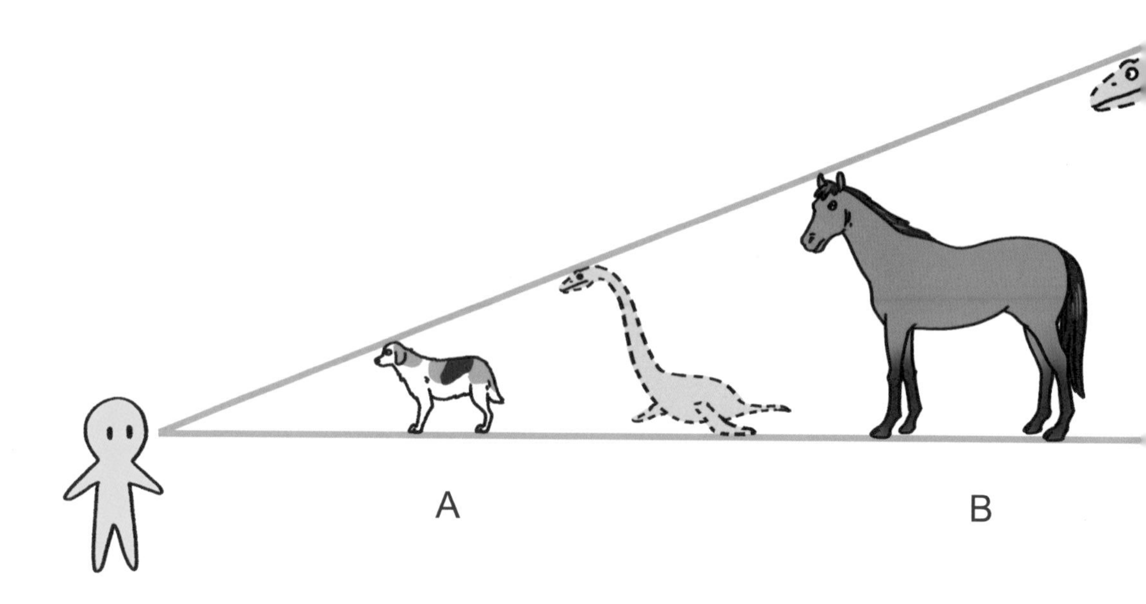

「這也就是為什麼，不同的目擊者認為的尼斯湖水怪經常大小不同，其實就是這個道理。」

「喔，親愛的你真聰明！」阿美眉開眼笑的說：「原來你說尼斯湖水怪的大小有可能像狗、像馬或像長頸鹿，是因為人的眼睛測不準距離！」

看到這裡，你以為事情只有這樣嗎？當然還沒結束！雖然有句成語說「眼見為憑」，但其實在某些特殊的情況下，人的眼睛和大腦並不可靠，很容易受到環境的誤導而產生「錯覺」。所以，如果你想立志成為辦案高手，你必須認清目擊證人所說的話有可能會出錯！不信的話，請你把自己當成目擊證人，測試一下自己判斷大小的能力。

測驗一：左邊的藍色圓圈比較大，還是右邊的藍色圓圈比較大？

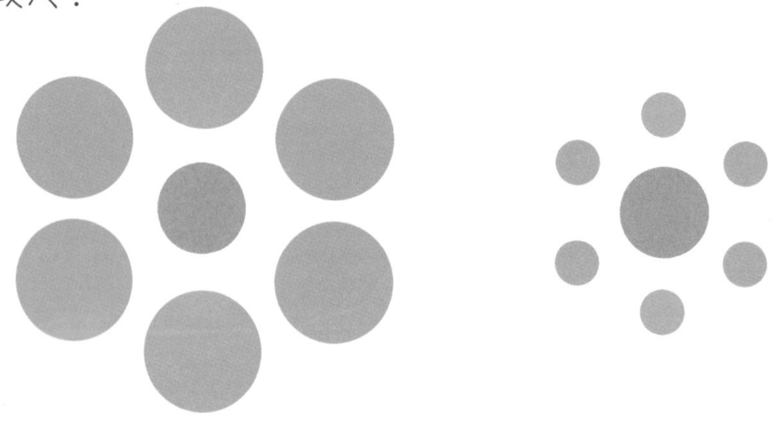

認為左邊的藍色圓圈比較大的話，請在第105頁的蛋糕上按照1號線切下蛋糕。
認為兩邊的藍色圓圈一樣大的話，請在第105頁的蛋糕上按照2號線切下蛋糕。
認為右邊的藍色圓圈比較大的話，請在第105頁的蛋糕上按照3號線切下蛋糕。

測驗二：

在畫中，1號的嫌疑犯比較高，還是2號嫌疑犯比較高？

認為1號嫌疑犯比較高的話，請在蛋糕上按照4號線切下蛋糕。

認為兩個嫌疑犯一樣高的話，請在蛋糕上按照5號線切下蛋糕。

認為2號嫌疑犯比較高的話，請在蛋糕上按照6號線切下蛋糕。

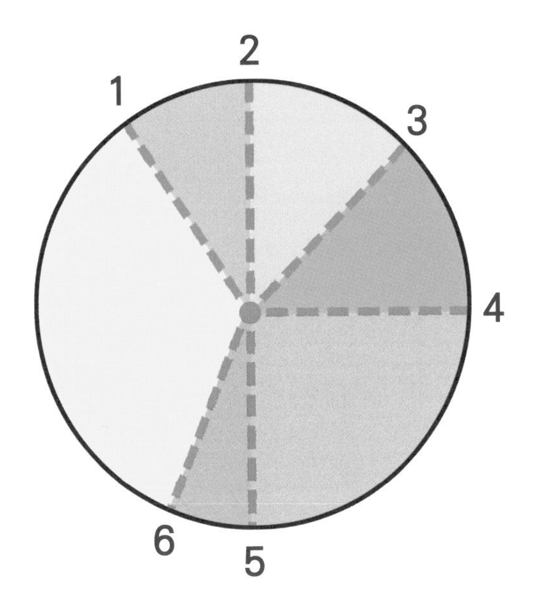


好了！你已經切開蛋糕。

如果切成一大一小的話，請你翻到第118頁。

如果剛好切成一半一半的話，請你翻到第78頁。

在這裡碰到超熱情尼粉，但卻沒看到貓兄妹！請趕快回到第 82 頁，再次調查尼粉俱樂部。記住，任何蛛絲馬跡都別放過。然後再回到第 140 頁，重新尋找貓兄妹的正確位置。

## 請注意！

動物的DNA流入水中的方式可能是透過——糞便、尿液、精卵、黏液、皮膚或組織碎片、毛髮、屍體等。

哪一個選項跟以上都無關呢？請你回到第21頁，再算一次。

### 調查對象

# 尼斯湖水怪幸運號遊艇——豬老闆

「別吵了、別吵了！」企鵝幼兒園的鵝老師說：「再這麼吵鬧的話，尼斯湖水怪就不想出來跟我們見面了喔！」

「噓！」聽老師這麼說，幾個認真的小朋友趕緊用力發出聲音，要所有同學安靜，免得害大家看不到尼斯湖水怪。

今天是企鵝幼兒園戶外教學的日子，蘋果班的鵝老師特別帶小朋友來尼斯湖玩，順便尋找尼斯湖水怪。她聽說登上「幸運號」最容易看到尼斯湖水怪，因為老闆說搭上幸運號

的遊客會變得特別幸運，每一次都能看到尼斯湖水怪現身，就算價錢比其他遊艇昂貴一點，也絕對值回票價。

達克比和阿美擠在這一群鬧哄哄的小企鵝裡吹著風，等待機會詢問開船的豬老闆，知不知道水怪和貓兄妹的下落。

「我看到了！」一個胖胖的小朋友突然大叫：「尼斯湖水怪在那邊！」全班都把頭轉過去，大聲問：「在哪裡？」

只見遠遠的湖面上有一個黑點，從水裡跳起來，又落進水裡面去。沒想到豬老闆立刻大聲回應：「真幸運！真幸運！今天幸運號的乘客又幸運的看到尼斯湖水怪囉！」

看到尼斯湖水怪的同學坐下來，臉上洋溢得意的表情。

「沒有啊，我們什麼東西都沒看到。」一個瘦瘦的小朋友抱怨說。

「真的有！」胖同學反駁：「牠剛才跳起來，是你們自己太慢，牠又鑽回水裡去了。」

「吼呦——」大家發出失望的聲音，又各自散開盯著湖面，希望下一個看到水怪的厲害人物就是自己。

白鵝老師勉勵大家要有三心——專心、信心與耐心。而幸運號開到了尼斯湖水面的中心，豬老闆說要在這裡等待水

怪再次出現。他關掉遊艇的引擎，除了湖水一陣一陣的波浪聲以外，湖面的一切突然變得安靜了下來。

「老闆你好。」這時，達克比走到船頭，亮出證件對豬老闆說：「我是河濱派出所的警察達克比，這位是我的夥伴阿美。」「達克比你好，阿美好。」豬老闆客氣的跟達克比握手，也朝著阿美點頭。

旁邊的小朋友發現他們，突然興奮大叫：「是警察！」大家立刻好奇的圍過來，什麼尼斯湖水怪，全部被拋在腦後。

「安靜，安靜！」白鵝老師趕緊維持秩序，「警察杯杯一定有什麼重要的事，小朋友快回到自己的位子上去！」

「老師，沒關係。」達克比說，「我跟你們一樣，是來尋找尼斯湖水怪。」

他轉頭問豬老闆：「豬先生，你的遊艇在尼斯湖上營業這麼多年，這裡真的有尼斯湖水怪嗎？一對貓兄妹說要來找你，因為你號稱是『尼斯湖水怪獵人』，多次拍下水怪的身影……」

說著說著，蘋果班小朋友們又有了騷動。一隻小企鵝扭著屁股，突然從屁股下拿出一個東西大叫：「這是誰的皇冠？刺到我的屁股了啦！」

「哈哈哈哈！」小朋友們聽了哈哈大笑，衝過去搶著看那個歪掉的皇冠，七嘴八舌的說：「你是大屁股！」、「你把它壓扁了啦！」

「呵呵，就是那個。」豬老闆笑著回過眼來對達克比說：「那對貓兄妹來找過我，結果妹妹的皇冠掉在船上，沒有帶下船去。」

「喔？」達克比聽到這裡眼睛一亮：「他們有沒有說什麼？兄妹倆打算去哪裡？」

「沒有。但是，我讓他們看了我最新拍到的神祕『聲納』影像。」豬老闆得意的說：「這張影像還成了報紙的頭條新聞呢！你們想不想看啊？」

「想！」小企鵝們大叫，丟下皇冠又圍了過來，鵝老師只好再次維持秩序，並請老闆叔叔為小朋友解釋，什麼叫做「聲納」。

## 請你仔細聽！

達克比的科學辦案又要開始囉！下圖是豬老闆所說的話，請你找到正確路線，把聲納的功能寫在下面：

聲納就是利用________的________作用，幫助我們____見水面下的物體。

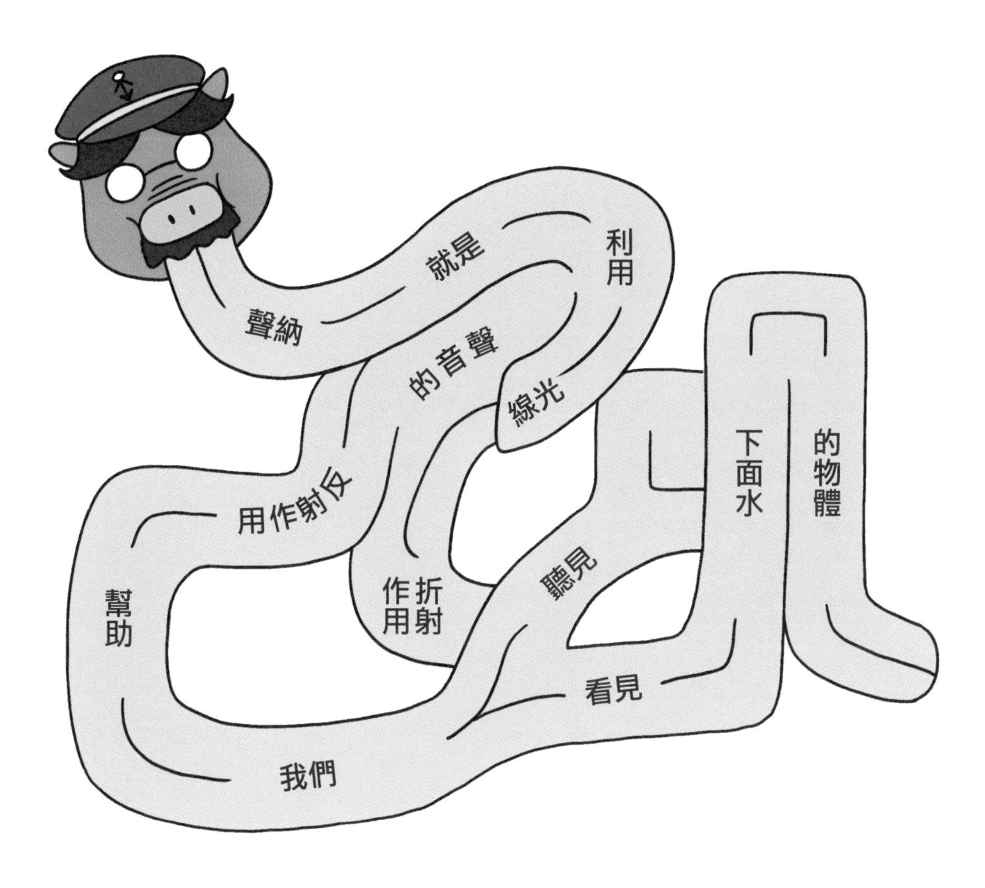


答案請見第 147 頁

你做得很好！快速了解聲納的用途後，來看看下面介紹的聲納設備工作原理。請仔細閱讀，因為接下來的辦案過程，都會用到這些重要的知識喔！

## 常識大考驗！

請你圈出以下哪些動物的身體也有聲納系統：

將編號相加得到數字 $x$，$x=3$ 請翻到第 52 頁。

$x \neq 3$ 請翻到第 94 頁。

※「≠」表示為「不等於」的意思

## 哦不！這代表你也無法正確判斷！

不過別傷心，這反而代表你是個「正常人」。因為這是擁有正常的眼睛和大腦的人，都會出現的「視覺錯覺」。請你拿出尺回到第 104 和第 105 頁量量看，就會知道正確答案了！

事實上，曾經有馬戲團帶著大象到尼斯湖附近表演，休息時把大象帶到湖中洗澡、玩水。所以有人認為，就是這隻大象露出湖水的部分，被誤看成尼斯湖水怪。那麼，其他的目擊紀錄又如何解釋？請你發揮想像力，畫出以下目擊紀錄在水底下可能的樣子。

完成後，請翻到 96 頁繼續辦案去！

恭喜你答對了！請領取獎勵座標並繼續閱讀下方故事。

(C, 18)、(I, 20)~(K, 20)、(J, 17)~(L, 17)、(O, 26)~(S, 26)

翻到 139 頁將獎勵座標塗滿。

「不，不！您誤會了。」烏龜先生趕忙解釋：「這張照片是貨真價實的尼斯湖水怪照片。只是當時的報紙只擷取了其中一部分，才造成了這種錯覺。」

「那為什麼要這麼做呢？」尋找真相的節目主持人問：「是不是為了視覺效果，刻意讓尼斯湖水怪看起來比較真實？」

「不不不，尼斯湖水怪一直都是真實的。大家都相信當醫生的我爺爺不會騙人，對吧？」烏龜先生一說完，就把「外科醫生的照片」小心翼翼的收起來。這是他們的傳家之寶，未來還要留給他的兒子、孫子，甚至曾孫、曾曾孫。

「烏龜先生，再請教一個問題。」一位女記者舉手說。

「沒問題，您請說。」

「您爺爺拍到的這張照片，外型像是一隻從史前時代存活到現在的『蛇頸龍』。但是根據過去的蛇頸龍化石顯示，蛇頸龍應該是生活在海裡，而不是湖裡。關於這個疑問，您的爺爺有什麼看法？」

「呃，這個問題很簡單。」烏龜先生回答：「最近古生物學家在非洲的古代河流發現了最新的蛇頸龍化石。這代表蛇頸龍是可以生存在淡水中的，只是以前這類的化石沒有被人發現過。我和我爺爺都相信，隨著人類找到更多的蛇頸龍化石證據，尼斯湖水怪的真相就會跟著水落石出。」

嗯，烏龜醫生的孫子說得好像很有道理。但是，尼斯湖水怪真的是蛇頸龍嗎？請把下面的黑點從1開始按照順序連起來，先看看相信尼斯湖水怪是蛇頸龍的人，心目中的尼斯湖水怪是長什麼樣子吧！

看過尼斯湖水怪可能的樣子以後，我們再來看看真正的蛇頸龍外型。下方是古生物學家根據蛇頸龍化石拼湊、還原而成的圖片。和上一頁的尼斯湖水怪比較一下，你有發現什麼不同嗎？

## 蛇頸龍家族

蛇頸龍不是恐龍，而是一個細長脖子的水生爬蟲類家族。牠們的體型有大有小，都屬於肉食性，大約在 6500 萬年前滅亡。

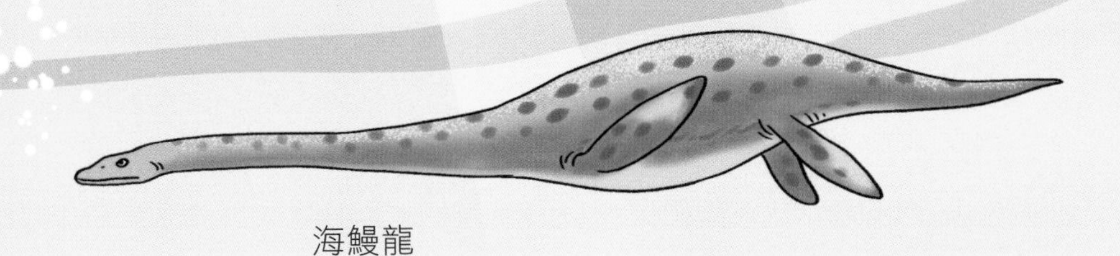

海鰻龍

水怪龍

或許你已經猜到了！答案就是——蛇頸龍的脖子很直，不像照片中的尼斯湖水怪能抬起脖子、向上彎曲！

看到烏龜先生輕鬆回答了蛇頸龍不可能生存在湖水的問題，有備而來的「尋找真相」主持人，又看著筆記本提出下一個問題：「烏龜先生，那我想再請教您：研究蛇頸龍的古生物學家，根據蛇頸龍脊椎骨化石的排列方式，發現真正的蛇頸龍脖子相當不靈活，只能稍微上下擺動，而且幾乎無法彎曲，不可能像您爺爺照片裡的尼斯水湖怪那樣，彎著脖子伸出水面呼吸。不知道對於這個質疑，您和爺爺有沒有什麼解釋？」

「呃，這個……」烏龜先生一時不知道怎麼回答，一顆斗大的汗珠從額頭上滑了下來。

很可能烏龜先生和爺爺從來沒想過這樣的問題吧？請你幫他們再確定一次，照片中的尼斯湖水怪照片，比較像天鵝還是真正的蛇頸龍？把他們用線連起來。

連好後，請翻開下一頁繼續辦案。

「還有另一個問題是，」看烏龜先生答不出來，主持人又繼續追問：「有人認為蛇頸龍已經滅亡了六千多萬年，但是尼斯湖是在一萬多年前才出現的，如此推斷蛇頸龍不可能出現在尼斯湖裡。關於這個問題，您有什麼合理的解釋嗎？」

「呃，這個嘛……」

「還有人說，蛇頸龍是大型的爬蟲類生物，而爬蟲類是變溫動物，根本不適合住在寒冷的尼斯湖裡。尼斯湖的湖水平均水溫只有攝氏6度，蛇頸龍如果住在這裡，早就凍僵了！所以尼斯湖水怪根本不可能是蛇頸龍，這又該如何解釋呢？」

「這……」接連幾個問題答不出來，烏龜先生早已急到脹紅了臉，支支吾吾的說不出話來。

就在這個時候，烏龜先生背後突然傳來一個沙啞的聲音：「這些問題的答案很簡單！」

烏龜爺爺突然出現在門口，激動的說：「因為這張照片裡的尼斯湖水怪是假的！」

出乎意料的這句話，把在場的所有人都嚇了一大跳！

「各位觀眾，真相出現了！」尋找真相的節目主持人抓著麥克風激動的大喊：「真是令人難以置信！」

「烏龜醫生，您是說這照片是假的？請問 60 年前，您為什麼要造假？而您又是如何造假的呢？」

主持人的聲音越來越激動，但說出實話的烏龜醫生，模樣卻平靜了下來。

「這個，且讓我話說從頭……」眼見年邁的烏龜醫生快要撐不住，他的孫子烏龜先生趕緊從屋裡搬了一張椅子，讓烏龜醫生坐下來。

老醫生深吸了一口氣，悠悠慢慢的說：

「1934 那一年，不知道為什麼，很多人都說自己看到了尼斯湖水怪，使得整個英國乃至於全世界，都為這件事情議論紛紛。於是有個人突發奇想，拿著假的河馬腳到尼斯湖邊的泥巴地上蓋了一整排的腳印。有個被報社派來調查水怪的記者看見這些腳印，就開心的對外宣布發現了尼斯湖水怪！可是專家們研究這些腳印以後，才發現這些根本不是什麼水怪的腳印，而是河馬的腳印……」

猜猜看，哪一排是河馬的腳印？為它們塗上顏色。

答案請見第 147 頁

「結果這個記者被許多人嘲笑和羞辱，讓他非常生氣！所以他想出一個辦法來反擊。而這個記者就是我的一個好朋友。他找他的兒子用木頭雕刻了一個像蛇頸龍頭和脖子的雕像，然後把它架在玩具潛艇上，再放進尼斯湖裡，用照相機拍攝下來，就成了尼斯湖水怪的照片。接著，他認為大家比較願意相信醫生的話，所以有一天他就把照片拿給我，拜託我告訴報社那是我親自拍到的尼斯湖水怪。而我，也因為想幫朋友出氣，答應參加這場惡作劇，結果沒想到，這張照片在全世界引起轟動！如今六十年過去了，參與造假的其他人都已經過世，只剩下我還活著、守著這個祕密……」

原來照片裡的尼斯湖水怪是模型，難怪它在原版的照片裡看起來這麼小。聽老烏龜醫生說到這兒，你搞清楚這場惡作劇的流程了嗎？請把以下各個不同的場景，按照發生的順序拼起來。

E
朋友的兒子雕出
水怪木偶。

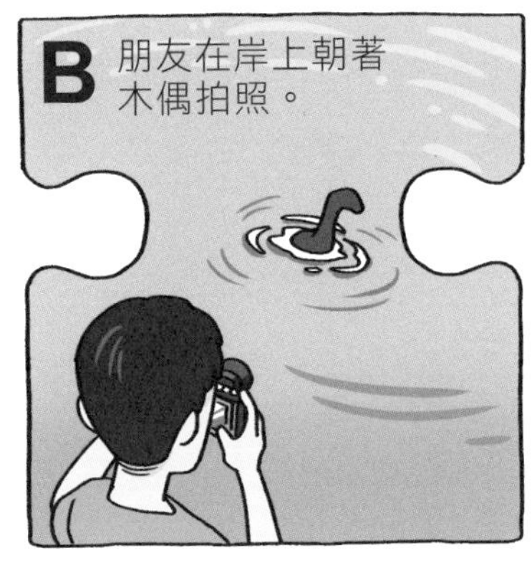
B
朋友在岸上朝著
木偶拍照。

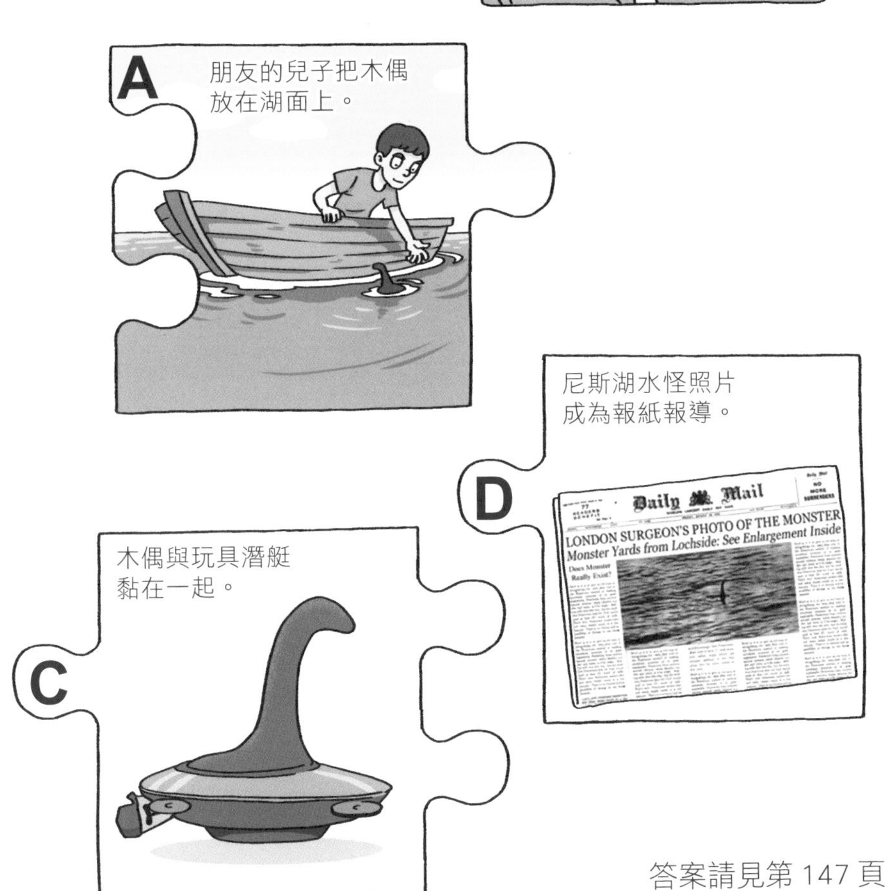
A
朋友的兒子把木偶
放在湖面上。
尼斯湖水怪照片
成為報紙報導。
D
Daily Mail
NO MORE SURRENDERS
LONDON SURGEON'S PHOTO OF THE MONSTER
Monster Yards from Lochside: See Enlargement Inside
Does Monster Really Exist?
木偶與玩具潛艇
黏在一起。
C

答案請見第 147 頁

「唉！」烏龜醫生突然停下來嘆了口氣：「而就在幾天前，一對可愛的貓兄妹來找我，讓我改變了心意……」

「什麼！貓兄妹？」達克比聽到這裡跳起來，忍不住打斷烏龜醫生追問：「貓兄妹來找過您？他們怎麼說？後來又去了哪裡？」

烏龜醫生看了達克比一眼，閤起眼睛繼續說：「那對小兄妹相信尼斯湖裡有水怪，竟然不顧危險、離家出走來找水怪。他們把我當偶像，要求我在貓小弟的寶劍上簽名，但是等他們離開以後我就後悔了！」

說到這裡，烏龜爺爺聲音變得激動，眼角泛著淚光：

「我不該再這樣隱瞞下去，害其他人繼續相信世界上真的有尼斯湖水怪！」

「請你們告訴世人，外科醫生的照片是假的！我烏龜爺爺對不起大家，在這裡向全世界的人鞠躬道歉！」

說完，老醫生就顫抖拄著拐杖，在孫子的攙扶下，對著現場所有鏡頭，深深鞠躬了好久好久……

事情發展到這兒，你認為接下來所有的人都會相信烏龜醫生的話——「尼斯湖水怪根本不存在」嗎？
答案是：不會。

因為雖然外科醫生的照片是假的，卻沒有證據顯示其他的目擊紀錄都是假的。而且早在外科醫生的照片出現以前，就有許多人宣稱曾經看過尼斯湖水怪了。所以，「尋找真相」的主持人決定繼續尋找真相，而達克比和阿美則離開烏龜醫生的家，繼續尋找貓兄妹。

那你呢？知道貓兄妹在哪裡了嗎？如果覺得線索夠了，請翻到第 140 頁。
如果還沒有，那可能只是因為你還沒有蒐集到足夠的線索。請你翻回第 11 頁，繼續拜訪貓小弟作戰計畫中的其他人吧。

祝你好運！

## 臨終前的良心發現？

1934 年，英國的外科醫生羅伯特·威爾遜（Robert Wilson）宣稱自己在 4 月 19 日經過尼斯湖畔時，拍到了尼斯湖水怪的照片。這張照片被稱為「外科醫生的照片」，不但讓尼斯湖水怪揚名全世界，每年更吸引四十萬名遊客到尼斯湖來尋找水怪。

不過在 1994 年 3 月，一個名叫克里斯蒂安·斯伯靈（Christian Spurling）的 93 歲老人承認，這張照片是他和另外四個人年輕時的惡作劇，其中一位就是已經過世的外科醫生威爾遜。

不過儘管如此，這張照片到現在還是經常在書本、網站上出現。這個結果可能是不想把謊言帶進墳墓裡的斯伯靈老先生，當時所意想不到的吧！

厲害！你答對了！趕快把貓兄妹帶回爸媽的懷抱吧！
未來，希望你每次都願意現身，幫助達克比辦案！
請領取下方的獎勵座標。
獎勵座標
(C, 11)~(D, 11)、(K, 4)~(N, 4)、
(L, 5)~(O, 5)、(R, 4)
翻到 139 頁將獎勵座標塗滿。

接著，請翻到第 142 頁，繼續後面的旅程。

## 你的感覺有誤！但是非常正常！

這兩張照片其實是同一張，只是報紙擷取了原版照片的一部分來放大，讓大家產生錯覺，覺得尼斯湖水怪看起來比較大。你猜得出來報紙為什麼要這麼做嗎？

請你翻回第 41 頁，繼續往下調查！

因此我們誠摯的邀請您，到比賽現場來幫助我們。附上一張照片如下，非常期待您們的到來。

復活節島全體居民敬上

我懂了！這就是我們下集要去的地方，好期待！

答案請見版權頁

辛苦了！陪著達克比和阿美蒐集了這麼多線索，相信你應該有信心，能找到貓兄妹在什麼地方了吧？以下A到G七個位置，是貓兄妹可能落腳的地點。數字旁標示的是出現在這個位置的物品，請你根據你辦案時找到的線索，快到那個位置找出貓兄妹吧！

如果選A，請翻到第136頁。
如果選B，請翻到第56頁。
如果選C，請翻到第34頁。
如果選D，請翻到第106頁。
如果選E，請翻到第95頁。
如果選F，請翻到第49頁。
如果選G，請翻到第25頁。

Z Z Z

達克比快起來！
大事不好啦！

發生什麼事？
我達克比來啦！

嘻嘻，
騙你的啦～

喏，你的
新任務來了。

真是的！

辦完尼斯湖的案子，好不容易能渡個假……

嗯？

信中有什麼訊息？請翻到 139 頁，找出下集要去調查的謎團。

你做得很棒！跟著
達克比，變成超強
的科學辦案專家！

# 答案揭曉！

在旅途中的問題，你答對了嗎？請比對自己的答案跟下方解答是否一樣。

p.17　LAB，實驗室的意思，也寫成 Laboratory。

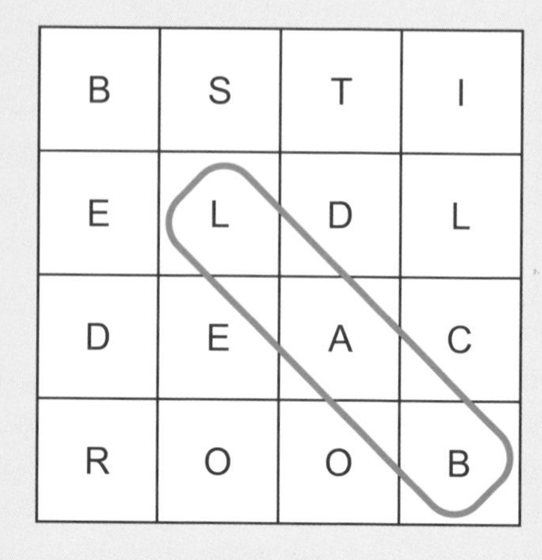

| | | | |
|---|---|---|---|
| B | S | T | I |
| E | L | D | L |
| D | E | A | C |
| R | O | O | B |

p.19　A、T、C、G

p.26　儒艮

p.29　假死。應該先救負鼠先生，因為負鼠太太過了假死狀態就會自己醒來。

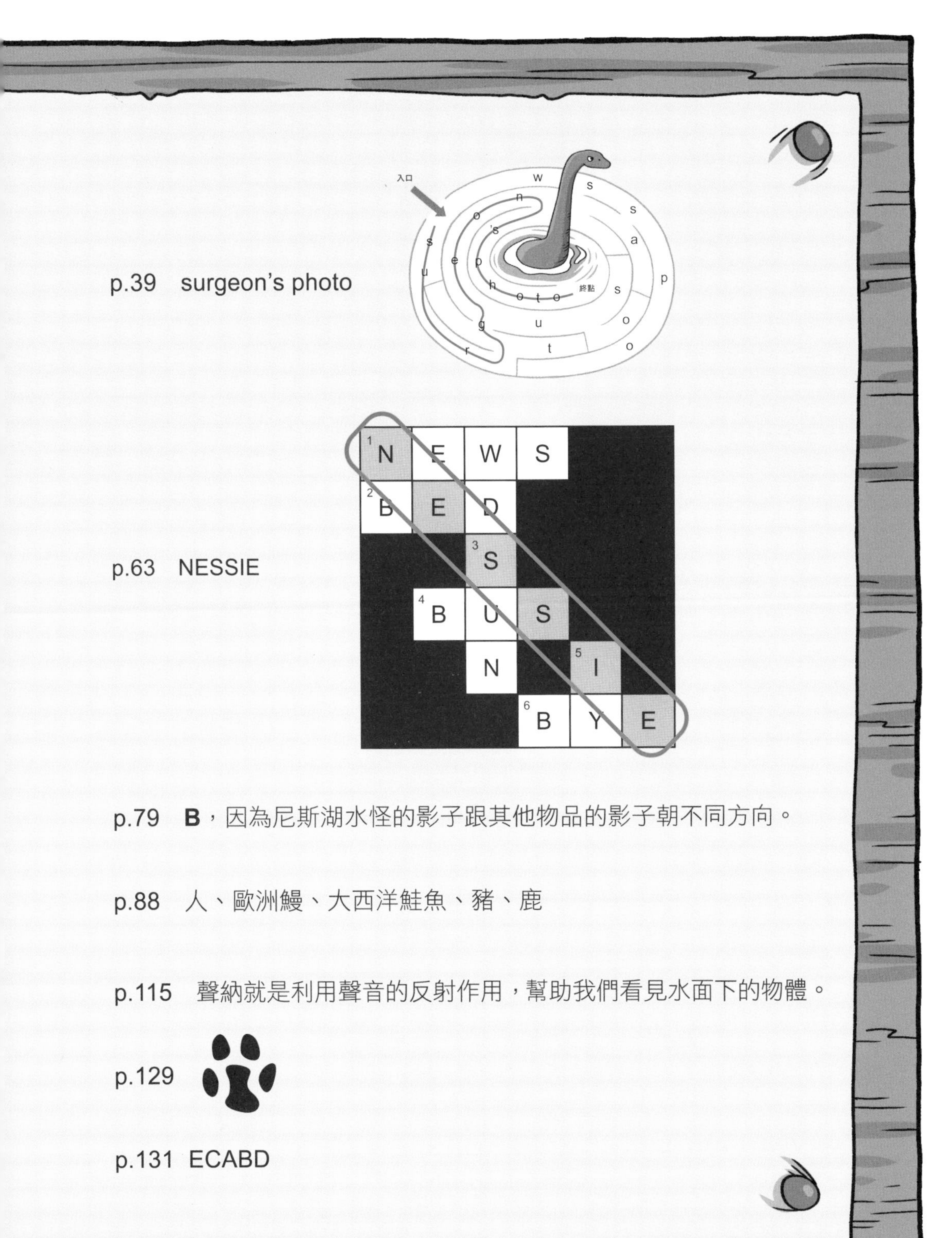


p.39　surgeon's photo

p.63　NESSIE

p.79　**B**，因為尼斯湖水怪的影子跟其他物品的影子朝不同方向。

p.88　人、歐洲鰻、大西洋鮭魚、豬、鹿

p.115　聲納就是利用聲音的反射作用，幫助我們看見水面下的物體。

p.129

p.131　ECABD

達克比與世界未解之謎❶

水怪貓騎士 尼斯湖水怪的疑案調查

作者 胡妙芬
繪者 柯智元
達克比形象原創 彭永成
責任編輯 張玉蓉
美術設計 蕭雅慧
行銷企劃 王予農

天下雜誌群創辦人 殷允芃
董事長兼執行長 何琦瑜
媒體暨產品事業群
總經理 游玉雪
副總經理 林彥傑
總編輯 林欣靜
行銷總監 林育菁
主編 楊琇珊
版權主任 何晨瑋、黃微真

出版者 親子天下股份有限公司
地址 臺北市 104 建國北路一段 96 號 4 樓
電話 （02）2509-2800
傳真 （02）2509-2462
網址 www.parenting.com.tw
讀者服務專線 （02）2662-0332 週一～週五：09:00~17:30
讀者服務傳真 （02）2662-6048
客服信箱 parenting@cw.com.tw

法律顧問 台英國際商務法律事務所 · 羅明通律師
製版印刷 中原造像股份有限公司
總經銷 大和圖書有限公司 電話：（02）8990-2588
出版日期 2023 年 11 月第一版第一次印行
2024 年 9 月第一版第五次印行
定價 360 元
書號 BKKKC255P
ISBN 978-626-305-604-6（平裝）



國家圖書館出版品預行編目資料

水怪貓騎士 / 胡妙芬文；柯智元圖. -- 第一版. --
臺北市：親子天下股份有限公司，2023.11
148 面；17x23 公分. --（達克比與世界未解之謎；1）
ISBN 978-626-305-604-6(平裝)
1.CST: 生命科學 2.CST: 通俗作品
360 112016118

本出版品獲文化部獎勵創作

圖照來源：
P.6、P.131、P.135 By Marmaduke Arundel "Duke" Wetherell - https://www.planetacurioso.com/2016/02/23/enganos-y-fraudes-la-foto-del-monstruo-del-lago-ness-de-1934-que-engano-al-mundo/, Public Domain, https://commons.wikimedia.org/w/index.php?curid=84799778；P.27 By Sebastian Münster - http://www.raremaps.com/maps/large/17670.jpg, Public Domain, https://commons.wikimedia.org/w/index.php?curid=7315090